「基地の島」沖縄が問う

― 連続企画「沖縄の未来を考える」―

まえがき

本書は、「戦後70年」連続企画として、「沖縄の未来を考える」をテーマに開催されたシンポジウム、講演会を再構成し、辺野古代執行訴訟の項を加え、書籍にしたものです。

２０１５年を果たして「戦後70年」と言えるのか、当研究所でも議論がありました。しかし、１９４５年8月15日、「玉音放送」によって日本の降伏を知った住民の、あの時間《とき》から70年の歳月が経っていることは確かなことです。

70年を経た今日も、なお沖縄には在日米軍専用施設面積の74・4％が集中し、過重な負担が強いられ、そこから派生する被害にもがき苦しみ、その状況から脱するため幾度となく行動を起こしてきました。連続企画1のシンポジウムでは、「基地の島」沖縄が抱える「辺野古移設問題」を、金城馨氏の運動論、高橋哲哉氏の思想論、阿波連正一氏の法律論の観点から考えました。報告にはそれぞれコメンテーターとして、高嶺朝一氏、与儀武秀氏、そして稲福日出夫所長が務めました。

シンポジウムで展開された「県外移設論」「日本人の責任論」「勝訴のための法律構成」等は重層的な捉え方からの議論であり、開催まで緊張の日々でした。開催当日は、予定していたメイン会場、サブ会場が満席になり、廊下で参加される方々もいて申し訳ない気持ちと、同時にご参集してくださった皆さまへ感謝の気持ちでいっぱいでした。参加された方々の表情には、自らの意思で「沖縄の未来」を手にする答えをみつけようとする強い意思が感じられました。

それは、まさに民主国家の自由な市民の姿でした。

沖縄は気候・風土に恵まれ、豊かな文化を育み、周辺の国や地域と友好的な関係を築き、交流を重ね、個性的な文化を確立してきました。時間をかけ築いてきた友好関係をもつ島々が、今日、日本政府において防衛の最前線に位置づけられています。そこで連続企画2では、先島諸島の自衛隊配備を早い段階から報道してきた半田滋氏に「国境の島」沖縄が問う—自衛隊配備問題を考える—と題して報告していただき、野添文彬所員がコメンテーターを務め、講演会を開催しました。一方、築いてきた友好関係や豊かな文化は、沖縄のリーディング産業である観光業を発展させています。連続企画3は、沖縄観光を牽引してきた平良朝敬氏に「観光の島」沖縄が問う—観光の未来を考える—と題して報告していただき、伊達竜太郎所員がコメンテーターを務め、講演会を開催しました。両講演会へも多くの方がご参加くださいました。

また関連事業として琉球新報社、伊元清氏、豊島貞夫氏、山城博明氏のご協力により、「過去を知り、現在《いま》を見据えたとき、未来がみえる」をコンセプトに写真パネル展も開催することができました。さらに休憩時間などには、後援の沖縄テレビ放送より、「シリーズ　戦世から70年今こそ」の映像をご提供いただき放映しました。

これら連続企画は、「島」をキーワードに多角的・多面的・重層的に「沖縄の未来を考える」空間創りを心がけました。ご参集いただいた皆さま一人ひとりがその空間を支え、確かなものにしていただいたことに感謝申し上げます。このような空間を再現した本書が多くの皆さまに届くことを願っております。

石川朋子

#「基地の島」沖縄が問う／目次

※肩書は開催当時

I

「基地の島」沖縄が問う
―「辺野古移設問題」を考える―

1　シンポジウム

報告者
金城　馨（関西沖縄文庫主宰）
高橋　哲哉（東京大学大学院総合文化研究科教授）
阿波連正一（沖縄国際大学沖縄法政研究所特別研究員、静岡大学法科大学院教授）

コメンテーター
高嶺　朝一（ジャーナリスト、前琉球新報社長）
与儀　武秀（沖縄タイムス記者）
稲福日出夫（沖縄国際大学沖縄法政研究所所長、同大法学部教授）

コーディネーター
石川　朋子（沖縄国際大学沖縄法政研究所研究助手、同大非常勤教員）

2　埋め立て承認と取り消し「和解」の意味と展望
―阿波連正一氏に聞く―

沖縄国際大学にて、2015年12月12日に開催されたシンポジウム（連続企画1）

辺野古への新基地建設の埋め立て承認取り消しをめぐって、国が知事を訴える代執行訴訟が始まった。論点は多岐にわたるが、県は法律論を踏まえたうえで「日本には地方自治や民主主義は存在するのか」と問いかけた。

ことの経緯を思い起こそう。２０１１年11月末の沖縄防衛局長の「犯す前に『犯しますよ』と言いますか」という発言から間もない年の暮れの未明に、環境影響評価書が県庁守衛室に運び込まれた。13年3月、公有水面埋め立て申請書が提出され、その年の11月25日、自民党の県関係国会議員5人が、当時の石破幹事長の後ろでウッチントーしているあの歴史的場面、同年末の仲井真知事の埋め立て申請の承認、「いい正月が迎えられる」発言へと続く。

しかし、その議員たちや知事、つまり、10年島尻安伊子議員の2期目の参院選、同年仲井真知事の2期目の知事選、12年衆院選、これらの選挙で当選した彼らは全員「普天間の県外移設」を主張していた。さらに12年宜野湾市長選でも、佐喜真淳市長は県外移設を公約に掲げて当選したのである。

そして、今年7月16日、県の「第三者委員会」が、沖縄防衛局の提出した「埋立承認出願」は「公有水面埋立法の要件を充たしておらず、これを承認した本件埋立承認手続には法律的瑕疵《かし》がある」と判断した。

「一票の格差」問題にはあれほど熱心に取り組む一方で、基地負担の圧倒的な不平等に関してはシランフーナーを決め込む日本人。彼らが支える政権にねじ伏せられていく事態を幾度も経験したこの島で「ウチナーンチュ　ウシェーテー　ナイビランドー」と翁長知事が誕生した。「カマドゥー小たち」は「沖縄人は基地反対運動をする

「基地の島」沖縄が問う　稲福日出夫（沖縄法政研究所所長）

ために生まれてきたのではありません。押しつけた基地を引き取り、沖縄から自立しましょう」と「日本人のみなさん」へ訴えている。また、今年10月、石垣市で開かれた第5回琉球民族独立総合研究学会では、照屋みどり氏（しまんちゅスクール）が自己決定権や自決権といった言語の使われ方、その内実に迫る研究報告を行っている。

こうした現状に向き合うため、沖縄国際大学沖縄法政研究所では、基地・国境・観光の島「沖縄の未来を考える」を共通テーマに、シンポジウムや講演会を開催する。連続企画1のテーマは「基地の島沖縄が問う―辺野古移設問題を考える―」。この島が直面している「辺野古移設問題」を、運動・哲学・法律の視点から考えるというシンポジウムである。報告者は、金城馨（関西沖縄文庫主宰）、高橋哲哉（東京大学大学院総合文化研究科教授）、阿波連正一（静岡大学法科大学院教授）の3氏。「沖縄問題をヤマトの人に、ひとごとではなく、自分のこととして考えてほしい」と大阪を中心に地道に粘り強く説き、また「沖縄に集中する米軍基地の県外移設要求は正当である」ことを論じ、さらには「前知事の無効な承認に対する現知事の職権取消」の法的性質論を展開している方々である。コメンテーターは、高嶺朝一（前琉球新報社代表取締役社長）、与儀武秀（沖縄タイムス記者）の両氏、それに私が加わる。

これまで沖縄内部で、また日本に対しても、なにがしかを語るその一方で、語られることなく呑み込まざるを得なかった言葉群が、今、この島々のあちこちから噴き出している。震えながらも「マブイ」の込められた言葉群が響き合う先に、沖縄の未来像が浮かんでくるだろう。みなさんの参加をお待ちしております。

「戦後70年」連続企画1シンポジウムに寄せて 照屋寛之（沖縄法政研究所副所長）

米軍普天間飛行場の辺野古移設問題は、本来ならば、国政の場で沖縄の声、民意を真摯《しんし》に受け止め、議論し解決すべきである。ところが、安倍政権には解決能力がなく司法の場へと移った。国策の重要課題が司法の力を借りなければ解決できないことは、政治の機能不全であり、政権を担当する資格はない。

戦後70年、基地の過重負担、その被害に苦しんできた沖縄が、基地問題を真剣にとり組むことのなかった国に訴えられるのは、理不尽極まりないことだ。これは、民主主義を崩壊させ、法治国家を破壊する国家権力の乱用だ。

しかし、裁判を通して戦後の基地建設の違法性、過重負担の実態、解決しない政府の理不尽さなどを訴える好機でもある。第1回公判での翁長知事の陳述は、メディアで全国に発信され、戦後70年の歴史を踏まえた訴えに正当性、説得力があり、辺野古移設反対への理解、世論の高まりも期待できる。

基地問題は全国民の安全保障の問題であり、沖縄を犠牲にしないと成立しない安保政策は、破棄を含めて抜本的に見直すべきだ。日米安保が必要なら全国民が等しく負担することが本来の姿だ。そのための方策を構築することが国の責務である。同時に、わが国の米軍基地の規模の妥当性も真剣に吟味すべき時期だ。

このような中で新たな動きとして、沖縄の声を真正面から受け止め、基地を県外でも引き受けるべきだという動きがある。もちろん、米軍基地は迷惑施設であり、他府県とて積極的に受け入れることはなく、強要することもできない。ベストな策は米本国への移設だ。しかし、基地過重負担をどうすべきかを安保政策のあり方も含めて国民的レベルで考える点では一石を投じている。

沖縄法政研究所では「戦後70年」連続企画として「基地の島」沖縄が問う―「辺野古移設問題」を考える―シンポジウムを開催する。

パネリストには、「沖縄に基地を押しつけない市民の会」を結成し、古里の基地問題のあり方を大阪で発信している関西沖縄文庫主宰の金城馨氏、県外での引き受けを積極的に発言している高橋哲哉・東京大学大学院総合文化研究科教授、仲井真前知事の埋め立て承認の瑕疵を鋭く指摘する阿波連正一・静岡大学法科大学院教授が、「辺野古移設問題」を運動、哲学、法律の観点から論ずる。

高嶺朝一・前琉球新報社長、与儀武秀・沖縄タイムス記者、稲福日出夫・法政研究所所長（本学教授）がコメンテーターとして議論を深める。総合司会兼コーディネーターは石川朋子・本研究所研究助手（特別研究員）が務める。

辺野古代執行訴訟が始まり、わが国の民主主義、地方自治、自己決定権のあり方が法廷でも厳しく問われるという基地問題をめぐる状況の中で、多くの方々がシンポに参加し、「辺野古移設」はどうあるべきか、沖縄の未来を考える機会になることを切に願うものであります。

1 シンポジウム

石川朋子　定刻になりました。シンポジウムを開催いたします。進行次第にしたがい、主催者挨拶をお願いします。

稲福日出夫　皆さんこんにちは。本年度の沖縄法政研究所では、連続企画として、「戦後70年」沖縄の未来を考える、を共通テーマに本日のシンポジウム、そして来年1月、2月に講演会を開催します。

さて、本日はその第1回、「基地の島」沖縄が問う、ということでいわゆる「辺野古移設問題」を考えるシンポジウムです。ご承知のように、現在、辺野古問題は法廷にもちこまれております。そこで、今日のシンポジウムは、市民運動の側面から、また思想・哲学の観点から、さらには法律の専門家をお招きして、トライアングルであらゆる思考をすり合わせることによって、どのような沖縄の将来像が見えてくるのかということを皆さんと一緒に考えたい、そのような場にしたい、と思っています。

本日のシンポジウムを通して、ワッター ウチナーンチュにも明るい未来が描けるのだ、希望の持てる将来像を描くことができるのだ、という思いに至ることができたらと願っております。これで、主催者挨拶といたします。

石川　続きまして共催者挨拶を、琉球新報の潮平芳和編集局長にお願いします。

潮平芳和　ハイサイグスーヨー、チュウウガナビラ。3点だけ手短に申し上げたいと思います。3点とも、感謝の言葉です。沖縄国際大学とは、今年2月に「道標《しるべ》求めて―沖縄の自己決定権を問う」というフォーラムを共同で開催しました。今年の締めくくりに、また、こういう貴重な会の共催になったということで、沖縄国際大学に感謝申し上げます。もう1点は、ここにいらっしゃる皆さま、県民読者の皆さんへの感謝でございます。今年6月に沖縄タイムスと琉球新報は「沖縄の地元2紙をつぶさないといけない」*1と著名な作家から言われて物議を醸しました。そうした言動に対して、沖縄の報道機関が耐えられるのも、県民読者、視聴者の皆様のおかげであります。私がマスコミを代表して言うことではありませんが、改めて感謝の思いをお伝えしたいと思います。最後にもう1点。今このときにも、辺野古では地域の皆さん、各地から駆けつけた老若男女の皆さま方が抗議の意志を示しております。本当に感謝すべきは、いや敬意を払われるべきは、体を張って頑張っていらっしゃる方々であろうと思います。そのような感謝の気持ちを日々抱いておりますす。本日はよろしくお願いします。

石川　どうもありがとうございました。では、早速シンポジウムを始めていきたいと思います。最初に運動という観点から金城馨さん、続いて思想・哲学から高橋哲哉さん、最後に法律の観点から阿波連正一さんにご報告いただきます。ではよろしくお願いします。

＊1　「沖縄の2紙つぶす」発言
2015年6月25日、安倍首相に近い若手国会議員が国会内で開いた勉強会で作家の百田尚樹氏が「沖縄の2紙はつぶさないといけない」と発言。普天間基地がもともと田んぼの中にあったなど、事実に反する発言もした。参加した国会議員が「マスコミを懲らしめるには広告料収入がなくなるのが一番だ」などと発言したこともあり、政治家によるメディア敵視発言として問題になった。

報告者・金城　馨

真の連帯を求めて、対等な関係を目ざす

ハイサイグスーヨー、チュウウガナビラ。私はウチナーグチが苦手で、ウチナーグチではこの程度の挨拶しかできず申しわけありません。私自身、沖縄で生まれただけで、すぐにヤマトに、関西のほう尼ヶ崎に行ってしまいましたから、沖縄の言葉を十分話すことのできない沖縄人ということになります。

運動という視点から話してくれ、と言われています。まず、沖縄の基地問題を大阪にいる沖縄人としてどう捉えたらいいのかということから始めたいと思います。これまでやはり大阪という場所にいることによって、なかなか基地問題というものは自分たちの身近な問題ではないと考えてしまうことがありました。それはある意味では日本人と同じ立ち位置になってしまいかねない、そういう危ういところがあるわけですね。しかし、日本人から差別を受けているという感覚もある。そういう意味で日本にいる沖縄人の多くは、どっちなのだろうという葛藤をずっと持っていた。しかし、1世といわれている人たちにはそれはありません。沖縄を離れた理由が出稼ぎということですので。大阪にお金を儲けに行って、その後沖縄に戻るつもりでいたわけですから。ただ、結果的に沖

金城　馨（きんじょう かおる）
関西沖縄文庫主宰、沖縄に基地を押しつけない市民の会
1953年コザ市（現沖縄市）生まれ。1歳で尼崎市に移住。75年から「エイサー祭り」を続ける「がじまるの会」創設メンバー。85年大阪市大正区に「関西沖縄文庫」を設立。沖縄関連の図書や資料を収蔵するほか、沖縄戦体験者からの聞き取りも続ける。2001年「演劇『人類館』上演を実現させたい会」を結成し、03年大阪で上演を実現。同年に「沖縄に基地を押しつけない市民の会」結成。琉球新報「落ち穂」を執筆担当（2007年7月〜12月）、共編に『人類館　封印された扉』2005年等。

縄に戻れなくて、大阪に住み続けた。彼らは自ら沖縄を捨てて、もう沖縄には戻らないという意志を持っていたわけではなかった。

「引き取り運動」への反応

さて、現在、大阪で基地を引き取るという動きが起こっています。それに対して、「これはとんでもない」という受け止め方があります。この発言は、安倍政権の中でも起こっていますが、不思議なことに、反基地運動とか反戦平和とかの活動を大阪で一緒にしていた人たちの中からも起こっています。全く両極端ですね。それは見方を変えれば、それほど衝撃的であり、そこに本質があるからだろうと思います。

恐らく、安倍政権的に言えば、基地は本土では維持できないということを正直に表現したということでしょう。もし米軍基地が本土に移ってきたら、恐らく基地は維持できなくなってしまう。そうなると安保体制がもたないということにもなるわけです。安保体制の崩壊というのは、日本の今の政権そのものの崩壊ということにもなりかねない。そういう意味では、本土で基地を引き取るということは「とんでもない」ということになるわけですね。

もう一つの問題は、基地はいらないと反戦平和の活動をしている人たちから上がる「とんでもない」という声をどう捉えたらいいのか、という点です。それを私なりに整理して考えると、今の日本における平和運動の持っている問題点がそこに出ているような気がしています。全ての基地はないほうがいい。これは多くの人が平和運動の中でまず言っているわけですし、どこにもいらないというのもそうです。やっぱりどこにもないほうが本当はいいだろうと。しかし、70年経った現在も、それが実現していない。それどころか、お隣に座っている高橋さんが本で書いているように、80％の日本人が日米安保を容認しながら、日々を送っている。平和運動の人たちの主張とは違う方向に日本社会は進んでいるわけですね。そういう意味で、平和という問題をここで、やっぱり一度考えざるを得ない。

真の連帯とは

１９９５年の少女暴行事件[*2]の後、大阪でも大きなうねりが起こりました。沖縄との連帯、沖縄の痛みを、そして少女の痛みを分かち合うのだという、そういう言葉を使って運動を展開するための準備会が起こったわけですね。私も、連帯ということによって沖縄の現状は変えられるのだ、それは日本人と一緒にやるべきなのだと思って取り組んできたつもりです。しかし、現実はそうなっていない。分かりやすいのは5月に行われている平和行進[*3]です。大阪からも多くの組合員や活動家たちが沖縄に行き、連帯のアピールをして元気よく帰ってくるわけですが、その後、何もしない。そういう経験を何年か

＊2　少女暴行事件（少女乱暴事件）
1995年９月４日、３人の米兵が小学生を拉致し、暴行した事件。被害者が少女であり、犯行態様も悪質であったことに加え、米兵の身柄が日米地位協定によって起訴まで日本側に渡されなかったため、批判が沸騰。抗議集会が相次ぎ、10月21日には８万５千人が集まる県民大会が開かれた。基地問題への沖縄の怒りが噴出し、大田昌秀知事の代理署名拒否につながった。

続けると、連帯って一体何なのかということを考えざるを得なくなりました。そういうときに95年の事件が起きたわけです。

その集まりで、これまで連帯できていればあの事件は起こっただろうか、連帯できていなかったから起こったのではないか、という点をまず押さえておくべきじゃないかという提案をしました。しかし、その場所では無視されたといいますか、はっきり言うとクスクス笑う人たちもいたということがありました。

しかし、私は、ここで日本人と対等にちゃんと自分の考えを言うべきではないか、と思ったわけです。それを後押ししたのは、あなたたちは大阪にいる沖縄人として、日本人とどう向き合ってきたのか、という少女の沈黙の叫びだったと思います。当時は県外移設という言葉を使ってはいないのですが、連帯の意味を考える際、日本人との関係、つまり、それぞれの立ち位置をちゃんと押さえ直すということから始めたい、そのことが沖縄の状況に対して新たに自分たちがやるべきことではないのかと思ったわけです。しかし、それはなかなか進みませんでした。

その後、沖縄のほうで、基地は大阪へ持っていってください、本土に持っていってくださいという声が上がり始めます。沖縄でもそうした主張に対する拒絶はあると思いますが、大阪でもそれは「とんでもない」ことだという拒否反応はあります。ここで重要なのは、自分たちは大阪という安全な場所にいて、沖縄に基地を押しつけていることを

＊3　5・15平和行進
「日本復帰」の日である5月15日を中心に毎年、実施されており、労働組合員を中心に全国から多数の参加がある。1977年から行われている。最終日に数千人規模の「平和と暮らしを守る県民大会」が開催される。

自覚しないまま、沖縄との連帯、基地撤去運動をしたとしても、それはどこか本質からずれていくということです。沖縄に基地を押しつけているということを自覚することによって、押しつけないためにはどうしたらいいのかということを考え続けようということで、「沖縄に基地を押しつけない市民の会」というのを2000年頃から始めました。それまでの連帯集会と比べると、この集まりはこじんまりとしているかもしれませんが、それでも200名ぐらいの人たちが集まってきます。決して少人数ではない。これまで、平和団体や運動団体などで、沖縄が主張する県外移設をどう受け止めるべきかと発言すると、そこでは「考え方が違います」「もう議論しません」といった感じでした。

しかし、この「市民の会」の集まりでは、これまで反戦平和の運動に関わりをもたなかった人たちが、ちゃんとその問いかけに応えようとしてくれるわけですね。苦しい表情をしながら「私は県外移設は嫌です」と発言しながら、席を立たずになおその場所にいるという人たちが出てきたわけですね。つまり、基地を引き取るのは嫌だと言っているのだけど、責任を持って意見を述べ、議論に加わってくる人たちが出てきたということです。そして、少数かもしれませんが、そういう人たちが出てきたことによって、これまでの連帯という言葉から抜け落ちていた、日本人と沖縄人が対等であるにはどうしたらいいのかが追求されるようになった、と思います。

沖縄の基地引き取りをめぐって活発な議論が行われた集会＝大阪市の大正区コミュニティーセンター（琉球新報2015年7月16日）

暴力をやめること

対等ということを具体的に受け止め、基地を引き取る覚悟を決めた人々が、2015年3月に「引き取る行動・大阪」という会を結成しました。県外移設という言葉には、基地を押しつけられてきた沖縄人としての怒りや悔しさが混ざっているかもしれません。また、そうした感情を表すものとして、沖縄アイデンティティーという表現もあるかもしれません。そうした感情が強ければ強いほど、日本人への拒絶ということも起こるでしょう。それに対し、日本人が「また感情的になっている、沖縄人は」と拒絶し、その一言で片づけてしまうなら、議論は成立しない。

県外移設という主張は、差別に対する悔しさ紛れに日本に基地を押しつけたいというものなのか。それは違う。それは、基地を押しつけている人たちが、基地を押しつけることをやめるということを望んでいるということです。要は基地を押しつけられた側が基地を押しつけ返すのだということではなく、それは基地を押しつけている人たちが基地を押しつけることをやめる、暴力をやめるということです。基地の押しつけというのは国家による暴力ですが、それを支えている一人ひとりの日本人も自分の意志に反して共犯化している。暴力を受けている側が暴力をふるう側に暴力をやめろというのは当然だし、暴力をふるう側は暴力をやめる責務、責任があるわけです。そのことが「引き取る」ということであり、基地を引き取ることは、自分たちが暴力をやめるということなのです。

大阪でのイベントで、同縮尺の大阪府地図と辺野古の基地計画案を示し、基地移転を考えてもらうコーナー＝大阪国際交流センター（琉球新報2015年8月20日）

「引き取る行動・大阪」の正式名称は「沖縄差別を解消するために沖縄の米軍基地を大阪に引き取る行動」です。すなわち、差別を解消する、差別をしている側が差別をやめるという意味です。それは、沖縄のためではなく日本人が自分自身のためにやっているわけです。やっと、今までの関係性とは違う、新たな対等な関係に変わっていく動きになったと思っています。それをもたらしたのが、県外移設という沖縄からの問いかけと、それに応える引き取る運動だと捉えています。

沖縄の未来を考えるとき、大阪の沖縄人のこれまでの体験も重要だと思います。これまで大阪で生きてきた沖縄人の足跡をたどってみると、差別を拒否する動きがある一方で、生き延びるために日本人に迎合し同化するという動きもありました。名前を日本風に変えた先輩たちもたくさんいます。そうした先人たちがやったことは間違いだったとは思っていますが、しかし、否定されるべきものではない。彼らは、苦しいなかで名前を変えてでも大阪で生きてきた人たちであります。そして改名したから沖縄を捨てたのかというと、捨ててもいない。

最後に、もし「正しさ」のなかに暴力が含まれているのであれば、大阪に住んだ沖縄の先人たちの「間違いを共有する」ことによって、それを解決できる道が見えてくるのではないかと考えています。これは後ほど議論できればと思っています。

そういう意味で、過去・現在・未来という時間軸ではなくて、過去・現在・「過去」・未来という4コマで沖縄の未来を自分は考えてみたい。その4コマでの「過去」を、つまり先人たちの足跡を振り返るなかから沖縄の未来が見えてくる、と思っています。

報告者・高橋哲哉

基地を引き受けないなら安保を見直すべき

皆さんこんにちは。今日は、沖縄国際大学の講義室の外には普天間飛行場があることを考えると、いささか緊張しております。

あの某有名な作家が沖縄の２つの新聞つぶしてしまえなどということを言っていたのですけれども、私は２つの新聞とも購読しております。そのきっかけになったのは、２００４年８月13日にここの大学に米軍ヘリコプターが墜落したあの事件[*4]でした。

今、金城さんから、ご自身の人生、それから大阪のウチナーンチュの歴史、そういうことを背景にした話がありました。私は金城さんがおっしゃるような基地の引き取りというのを日本人としてやっていきたいと考えている人間なんですが、その私の考えのほとんどが、やはり沖縄で出てきた県外移設という考え方、ここから学ばせていただいたものです。それを日本人として、ヤマトンチュとしてどう引き受けるか。その論理をつくりたいと思ってこれまでやってきました。

高橋哲哉（たかはし てつや）
東京大学大学院総合文化研究科教授
1956年福島県生まれ。南山大学講師、東京大学助教授を経て、2003年より現職。哲学や「人間の安全保障」を教える。04年～07年には、NPO「前夜」共同代表として雑誌『前夜』刊行等の活動に従事。著書に『沖縄の米軍基地　県外移設を考える』集英社2015年、『犠牲のシステム　福島・沖縄』集英社2012年、『靖国問題』ちくま新書2005年、『国家と犠牲』日本放送協会出版2005年、『戦後責任論』講談社学術文庫2005年、『記憶のエチカ』岩波書店1995年、等著書・論文多数。

いわゆる基地引き取り、県外移設という考え方に最初に接したのは、05年に出版されました野村浩也さんの『無意識の植民地主義』という著作でした。これまで私は、敗戦後の日本が抱えることになった歴史の負債についてどのように捉えることがいいのかということを、ずっと考えてきていました。沖縄の問題も、沖縄戦あるいは琉球処分という名の琉球併合以降の歴史といったものも、そこに含めて考えようと思っていたのですが、なかなか自分として手がかりがなかったのですね。要するに、日本の戦後民主主義の立場、反戦平和主義といった立場でいろいろものを考えてきて、戦後責任や植民地支配の問題についてもなんとか、戦後日本人としてきちっとした対応をしたいということで追求してきたのです。

「県外移設」の主張

沖縄の問題、沖縄の米軍基地の問題はなかなか難しいのですが、基本的には私は、やはり安保条約を廃棄して、そして沖縄の基地もすべて撤去するという解決がいいだろうと考えてきたわけです。今でもその考えは変わっていませんが、その前にやるべきこととして、基地の引き取りということを考えるようになりました。そのきっかけが、先ほど話しました野村さんの本だったわけです。あの本を読んで、日本人が沖縄に対して持っている意識的、もしくは無意識的な、その植民地主義的な考え方、簡単に言ってしまえ

＊4　沖縄国際大学米軍ヘリ墜落事件
2004年８月13日、沖縄国際大学に普天間基地所属の米軍大型ヘリが墜落炎上した。破片が広範囲に落下したり飛び散ったりして建物などへの被害が出たが、奇跡的に住民の死傷者はいなかった。周辺は米軍によって封鎖され、日本の警察はまったく捜査できなかった。

ば差別的な見方というものがどれだけ根深く存在しているかということに気がつきました。そしてその植民地主義や差別というものを克服する不可欠の一歩が、日本人が基地を引き取ることだという主張、これに接して驚いたわけです。しかし、よくよく考えてみると、この論理は正当ではないか、と思われたわけです。

民主党政権への政権交代があって、あのとき鳩山政権[*5]が県外移設というのを追求して、結局破綻したわけですが、これも私の背中を押してくれた出来事でした。あのときに沖縄の人たちが大変な期待を持っていたというのが非常に印象的でしたし、鳩山氏が辺野古に回帰して抑止力云々ということを言ったときの、沖縄の人たちの怒りというのも伝わってきました。それ以降、選挙のときに、県外移設を公約に掲げないと当選できないような状況も生じたわけですよね。そういうものを見ていて、やはり沖縄の人たちの思いの中に、この県外移設というものが相当広く存在していると私は感じたわけです。

復帰40年のときに、知念ウシさんと対談をさせていただきました。この対談をお引き受けすれば、必ず最後に基地を持って帰ってくれるかという質問が出るに決まっているわけですね。そこで、私は覚悟を決めました。案の定、最後に質問が出ましたので、「これは日本人の責任だ」とお答えしたわけです。それ以来、さまざまな所で基地の引き取りこそ、まず日本人がやるべきことだということを書いたり話したりしてきました。今年の6月に『沖縄の米軍基地』という新書本をこの立場で書かせていただきました。その要点だけ簡潔に申し上

＊5　鳩山政権
2009年9月の衆議院選挙で民主党が政権を獲得し、鳩山由紀夫政権が発足した。鳩山氏は選挙で普天間基地の移設先について「最低でも県外」と述べ、政権発足後、県外移設を模索したが、官僚の非協力と、候補に挙がった地域の反対を説得できず、挫折して辺野古移設へと回帰した。これで鳩山氏は首相を辞任し、菅直人政権に引き継がれた。

げたいと思います。

一つは、現憲法の下で民主主義的な観点から見たときにどうなるかということ。もう一つは歴史的な経緯から見てどうなるかということです。

憲法下での不平等

まず、最初の要点ですけれども、安保を支持する人々が、1980年代には6割から7割だったものが、だんだんと上がってきて、2010年代にはもう8割を超えたのですね。8割というと圧倒的多数ですよ。今、沖縄で辺野古新基地建設反対、これを8割ぐらいと考えますと、これも沖縄での圧倒的多数の民意だということですよね。逆に言うと、本土、内地、全国では日米安保支持というのが圧倒的多数の民意だということになってしまうわけです。お配りした資料の中に、今年の5月、6月に共同通信社が戦後70年に当たり全国世論調査をやった結果を報じた琉球新報の記事が入っています。これを見ますと、問19[*6]は、日米の同盟関係についての問いですが、それに対する回答は「同盟関係強化すべきだ」20%、「今の同盟関係のままでよい」66%、合わせると86%ですから、2010年代に8割を超えた安保支持率が、もはや9割に近づこうとしている。一方、同盟関係を解消すべきだ、つまり安保解消はわずかに2%に過ぎなくなってしまっている。これには、ちょっと驚いたのですが、しかし、これが現実です。

＊6　問19　日本は戦後、米国と日米安全保障条約を結び、同盟関係を築いてきました。あなたは日米の同盟関係をどう思いますか。(%)

今よりも同盟関係を強化すべきだ	20
今の同盟関係のままでよい	66
同盟関係を薄めるべきだ	10
同盟関係を解消すべきだ	2
無回答	2

(琉球新報 2015年7月22日)

次の問20[*7]は、普天間基地の県内への移設という言い方で、この工事が進んでいるけれどもどう思うか、という問いです。「政府の方針通り移設を進めるべきだ」35％。「工事を中止し、沖縄県側とよく話し合うべきだ」48％。そして「沖縄県内への移設はやめるべきだ」15％。沖縄では8割、圧倒的多数が県内移設に反対していると思うのですが、全国では15％に過ぎない。これもまた現実なのですね。こういうふうに考えたときに、日米安保条約を支持し、これからも日米同盟でやっていこうという人が全国で8割から9割に及ぶ。ご存じのように沖縄県の人口は全国の約1％ですから、この安保支持者のほとんどが、つまり99％は本土の人だということにならざるを得ません。そうすると、圧倒的多数が安保を支持している日本本土に米軍基地が集中している、あるいは8割、9割あるというのであればまだわかるのですが、全然そうじゃないわけですね。わずか面積0・6％、人口1％のこの沖縄県に73・8％ですか、4分の3ぐらいが集中させられている。私はこの現状はあまりにも異常だと思うのです。0・6％の土地に74％の基地という、この表現のなかにすべての問題が語られている。

日本国憲法下での許されるべきでない法の下での不平等、これは是正されなければいけない。70年間も基地の過剰負担にあえいできた沖縄にこれ以上押しつけるのはもう許されない。本土が米軍基地を必要だと言っている以上は、自分たちで政治的な選択をしている以上は、その選択に伴う負担とリスクを負うのは当然だというのがまず一つなんです。

＊7　問20　沖縄県では米軍の普天間飛行場の県内移設に向けた工事が進んでいます。あなたは沖縄県内への移設についてどう思いますか。（％）

政府の方針通り移設を進めるべきだ	35
工事を中止し、沖縄県側とよく話し合うべきだ	48
沖縄県内への移設はやめるべきだ	15
無回答	2

（琉球新報 2015年7月22日）

「押し込め政策」の経緯

そして、もう一つは歴史的な背景ということです。沖縄の米軍基地の歴史的な起源は沖縄戦にあります。その後、米軍はサンフランシスコ条約第3条等で居座って、沖縄が日本に復帰した72年以降は日米安保条約の下で正当化されている。この間、日本政府はアメリカ政府ないし米軍と一緒になって、安保条約下で日本に置く基地を沖縄に隔離してきた。沖縄に「押し込め政策」をとってきた。1950年代に本土にいた海兵隊の沖縄への移駐があり、70年代にも2度にわたって岩国等から海兵隊が沖縄に移駐してきた。復帰後も来ているわけですね。95年以降は米国が撤退とか本土移設とかいろいろ検討していたが、そのときに沖縄に引き留めたのが日本政府であるということが最近わかってきている。最近では佐賀県へのオスプレイ訓練移転が撤回された。こういった経緯を見てくると、日本政府は、やはり沖縄に基地を集中させたいのだ、それで隔離してきたのだなと思うのですね。歴史の背景を振り返ると、やはり米軍基地は本土が引き取るのが筋ではないかという考えに至ったわけであります。

さて、私は最初に、安保条約は解消すべきだと考えていると申し上げました。これは安保条約第10条に基づいて日本国から解消を申し入れて解消することが可能なわけですから、これができれば沖縄、日本から米軍基地がなくなるわけです。しかし、政府は国体[*8]のように日米安保体制を維持し、現在、8割以上の国民が支持している。そうした世論に働きかけるとき、この基地の「引き取り論」というのが、私は意味を持つと思っているのです。

＊8　国体
日本に特化した政治思想用語で「天皇を中心とした秩序(政体)」を意味する。1935年、美濃部達吉らが唱えた天皇機関説を排撃するために軍部・右翼が「国体明徴運動」を展開、政府に「国体明徴声明」を出させた。第2次世界大戦で日本は「国体護持」にこだわったため和平交渉が難航し、ポツダム宣言受け入れも遅れた。

なぜ、基地を引き取るべきだと私は考えるのか。まず、日本人には政治的選択に伴う負担とリスクを引き受ける、引き取る責任がある。責任論が第一です。しかし、同時に引き取りが、私は安保解消を目指す道筋としても有効ではないかと、あるいはむしろ不可欠ではないかと思っています。戦後70年、まあ60年安保から考えても、もう半世紀以上経っています。その間、革新政党や反安保運動というのが、安保解消、安保廃棄を唱えてきました。しかし、金城さんが先程おっしゃったように、残念ながらそれは実現していないどころか、安保支持率はどんどん高まり、安保解消支持率はどんどん小さくなってきています。それに伴ってむしろ沖縄への基地の負担率が高まっているわけです。つまり、本土から基地が見えなくなればなるほど安保の支持率が高くなり、安保解消賛成が少なくなる。本土の人は、基地が見えなくなることによって安保条約を負担とリスクを負わずに支持できる、こういう構造になっているわけですね。私はこの状況に問いかけていかなければならないと思うのです。つまり、安保を支持するのであれば、当然、基地を置くことに伴う負担とリスクを負わなければいけないのではないか。それをずっと沖縄の人たちに肩代わりをさせてきたのは、もう許されないのではないか、と。圧倒的多数の本土の安保支持者に向かって、安保を支持するならば基地を引き受けるべきで、引き受けられないならばもう安保を根本的に見直しましょうという問いかけをしていきたい。そのほうが安保解消のためにもいいと判断をしているわけです。

報告者・阿波連正一

辺野古代執行訴訟は「沖縄の負担」に勝機

今日の沖縄タイムスに載った私の記事が別綴りで手元にあるはずです。この見出しが「過重負担判断　県に勝機」となっています。「おまえ、正気か」と言われております（笑）。辺野古代執行裁判[*9]は、みんな負けると思っているわけですが、しかし、堂々と勝機ありと書かれている。しかも、本人は正気だといって、今、ここに座っています（笑）。

では、なぜ勝てるのか。沖縄の基地問題の本質を踏まえて、その上で論を展開すれば勝てます。今度の辺野古の裁判は沖縄の負担が逆に勝つことの要因になります。

法治主義下の「承認」

普天間基地は世界一危険な基地だといわれております。普天間基地は4・8㎢、辺野古の埋め立ては1・6㎢で、普天間が辺野古に移ると、ずっと減る。普天間のためには辺野古はしょうがない、だから沖縄のためには辺野古に移して、普天間を返還したほうがいい、といった議論があります。そして、２０１３年12月27日に仲井真前知事が埋め立てを承認しました。この前の初弁論で国側は、既に４７６億円も払っている。もう2

阿波連正一（あはれん　まさかず）
沖縄国際大学沖縄法政研究所特別研究員、静岡大学法科大学院教授
1952年国頭村生まれ。沖縄国際大学教授等を経て、2005年より現職。専門分野は民法、環境・公害法。著書等に「公有水面埋立法と土地所有権-都道府県知事の埋立て承認の法的性質論」『静岡大学法政研究』第19巻3・4号2015年、「土地所有権の成立と展開」同第17巻3・4号2013年、「沖縄の基地問題の現在」『沖縄国際大学公開講座4沖縄の基地問題』ボーダーインク2004年、『環境・公害法の理論と実践』（共著）日本評論者2004年、等著書・論文多数。

年も前に知事が承認したのだよ、どうするのだ、と言いました。県知事、県民の代表である知事が承認することは、仲井真さん個人が承認することではない。沖縄県民が承認することなのです。これが日本の政治であり、法治主義なのです。

承認の2年後に、仲井真さんの承認は間違っているということで、翁長知事が取り消しました。沖縄本島の１２０８㎢の中に２２１㎢の米軍基地がある。我々の住んでいる島の18・2%が基地です。敗戦後70年もこういう状態が続いているというのは世界史的にはあり得ない。

翁長知事は、前知事の承認は法律的に問題があるから取り消したわけです。そうすると、日本政府は、翁長知事の承認取り消しは間違っている、という。日本人の9割方はこの感覚に賛成。もう承認したのだ、と。しかし、沖縄の現知事は「承認は間違っている」と。その理由を一言でいえば、沖縄が「基地の島」だからです。現在、普天間基地の軍用地料等は年間で１２０億円。これが返還されれば経済効果は３８６６億円。32倍になると言われています。国側は沖縄にとって、経済的にも、また騒音も少なくなるからよいことだ、という。国民は、そうだ、と思ってしまいます。しかし、沖縄側からすると、基地を押しつけている側がそれを言うことは「盗っ人たけだけしい」ということです。

４・８㎢の土地が３８００億円以上の経済効果をもつ。実際、天久の新都心も小禄の金城《かなぐしく》も、桑江のアメリカン・ヴィレッジも、返還前と比べて数十倍の経済効果をもっている。なぜ、同じ土地にも関わらず、こういう魔術が起こるのか。米軍基地として使用

＊9 辺野古代執行裁判
地方自治体の行政行為に対して国（大臣）の是正指示に地方自治体が従わない場合、地方自治体に代わって国が是正（代執行）することを裁判所に求める裁判。今回、仲井真弘多前知事の辺野古埋め立て承認を取り消した翁長雄志知事に対し、取り消しを取り消すよう求めた国土交通大臣が是正指示を行った。翁長知事が従わなかったため、国土交通大臣が代執行訴訟を福岡高裁那覇支部に提訴した。和解が成立して取り下げた。（114頁の年表参照）

した場合の軍用地料等と返還後の土地利用から得られる経済効果との差額は誰がもらっているのか。小さくなった分、一体誰が利益を得ているのか、ということです。

基地に寄生された沖縄

土地所有権イコール軍用地料ではない、ということです。つまり、土地は地主だけのものではないのです。みんなが使って価値を持つわけです。現在の普天間基地の軍用地料等が120億円。面積は同じなのだから、軍用地料だけで386億円は出てこないわけです。その差額が、実は沖縄県民から取られているわけです。だから、県民所得がいつも低いわけです。つまり、沖縄が基地に依存しているのではなく、入るべきお金が寄生虫（基地）に食われている、ということです。基地があることによって沖縄の生産、沖縄の経済は小さくなっているのです。だから、危険を押しつけておいて、386億円になるからと辺野古に基地を移すことを、沖縄県経済の向上を図る責任者である県知事がこれを認めることは絶対に無い。

今日の新聞で、国は、「公有水面埋立法は国土の開発その他国民経済の向上のためにある」と言っています。国民経済の向上というのは、県民の、日本地域の、沖縄県地域の経済の向上のことです。県民がいて国民がいるわけです。40年あまり、我々（沖縄）の土地の価値を収奪しておいて、さらに沖縄で埋め立てようというわけですから、沖縄県の知事としては、日本の法律の中で承認することはあり得ない、と思います。

石川　ありがとうございました。次は、それぞれのご報告に対して、コメンテーターよりコメントと質問をお願いします。まず最初に金城さんに対して稲福さん、高橋さんに対して与儀さん、阿波連さんに対して高嶺さん、お願いします。

コメンテーターからのコメントと質問

自覚を促し、共犯化を指摘する葛藤と苦悩

稲福　では私のほうから金城さんの報告に対して感じたことを。もう30年ぐらい前になるのでしょうか、関西沖縄文庫ができたという記事を読んだとき、何か心温まる気持ちになったことを思い出します。そして、金城馨さんの顔写真を新聞等で見ると、イエス・キリストを連想したりしていました。大阪大正区に沖縄人イエス金城がやってきた、と。その後、「沖縄に基地を押しつけない市民の会」や「引き取る行動・大阪」と連動することを知ったとき、また、イエス像と重なったのです。つまり、このイエス金城は「幸福《さいわい》なるかな、悲しむ者。その人は慰められん」と説くイエスから「われ地に平和を投ぜん

稲福 日出夫

ために来れりと思うな、平和にあらず、反《かえ》って剣《つるぎ》を投ぜん為に来れり」と述べる厳しいイエスに変貌し、今後、関西沖縄文庫はどうなるのだろうかと、そのような思いがよぎったことがあります。

沖縄でも10年ぐらい前からでしょうか、「沖縄大好きの日本人よ、そんなに沖縄が好きならば、基地の一つもお土産に持って帰ってちょうだい」という、強烈なメッセージが出されてきました。当初は頭をぶん殴られたような気がしていましたが、だんだんと全景がみえてきたというか、沖縄の状況をえぐったギリギリの主張だと考えるようになりました。

そうした主張は沖縄内部でも様々な議論や葛藤を引き起こしていますが、ヤマトのど真ん中でそのような運動を起こすと、その苦痛や葛藤というのは、沖縄に住んでいる私たちが想像する以上に深刻なのだろうと思うわけです。

先ほど、金城さんは、基地を押しつけている人が押しつけることをやめるというのは当たり前じゃないかと述べていました。しかし、問題は、彼ら日本人に押しつけているという自覚があるのかどうか、自らが共犯者であることを知っているのかどうかということなのだろうと思います。本当に寝ている人ならば起こすことはできますが、寝たふりをしている人を起こすことはできない。戦後70年間、ずっと沖縄から発信しても、そうだったのか、沖縄は発信力が足りない、などと言う。毎年何百万人もの日本人が沖縄に来て、また今日の情報社会にあって、自らに都合のいい情報はキャッチし沖縄を満喫し、火の粉のかかる情報には知らん振り、寝たふりを決め込む。そうした状況下で、彼らに基地を押しつけているという自覚を促す、共犯化を指摘するということは、大阪でどうにかこうにか、彼らと仲良く平穏に暮らす沖縄人社会に、あえて剣を投じ、大きな葛藤を引き起こすことになるわけで、そこら辺の苦悩をお聞かせください。

指摘することで自由になる

金城　イエスですか。私をはりつけたいと思っている人は、いるのかもわかりませんが……。

大阪という場所にいることによって、沖縄と日本の関係性というのは違った形で見えるときがあると思うのです。政治の中枢である東京にいる沖縄人とはまた違う、大阪の沖縄人の位置という意味で。沖縄人の大阪での体験というのは、生きるか死ぬかという状況でもあったと思います。

特に戦前は朝鮮人琉球人お断り、という。仕事につけない、アパートも借りられない。そういう差別をやめない日本社会の中で先人たちは、したたかに生き抜いている。そして、沖縄人集落というのを形成していった。そのコミュニティは閉鎖的だと言われる。排他的であると。しかし、排他的であるからこそ、沖縄であることを守ってきたということがあるわけですね。だから、沖縄人である自分たちが、沖縄であることを排他的に守る。自己防衛の権利として排他的であるという生き方をしてきたのだろうと思います。そしてまた、先人たちがたどった足跡を通して、彼らの負の部分として捉えられるその状況が、逆に、本来の沖縄人としての表現に重要なものをもたらしたと思いますね。

私たちは、大正区で「エイサー祭り」を40年間続けて、現在は2万人余りが来る祭りになっています。1975年、1回目の祭りを企画した時、先輩たちから「沖縄の恥さらし」と言って怒られました。そうした経験を通じて、なぜ恥さらしと言ったのだろう、言うのだろうということをずっと考えながら、自分たちはエイサーのバチを振り続けてきました。やっぱりそこから見えてきたものがまたあるわけですね。つまり、先人たちがたどった歴史、足跡が見えてきたときに初めて自分たちは、先人たちの思いとどこかでつながっていた。そういう意味で、先人たちの生きてきた同化と迎合を繰り返しつつもしたたかに閉じながら守ってきたこの生き方が、沖縄の自立とか、あるいは今言われている独立とかも含めて、その土壌になるんじゃないかと思います。

だから、自分は仲良くなってはいけないと思っています。仲良くなってしまうと、逆に相手に合わせないとあかんのでね、自分の考えが無くなるのではないか。対等な関係と仲良くなることは別の問題です。言いたいことを言うというのは相手を否定することではなく、ちゃんと自分の考えを述べ、相手を認めているから相手に対して批判をするわけであって、それができるということは自由であるということです。それは他者を否定することではない。

その意味では、力関係的に対等じゃない状況が続いているなかで、仲良くなろうとする必要はない。仲良くなることが対等になることではないので。対等にはなりたい。だから、こういう県外移設、あるいは引き取りということを言うことによって得たものというのは、大変自由になっているということです。開放されつつある。ただ、はりつけだけは嫌ですね。答えになったかどうか。

従来の反戦平和論と一線を画し、責任を問う

与儀武秀　辺野古の新基地建設が注目を集める中で、高橋さんの本土への基地引き取り論が大変大きな関心を集めております。高橋さんの議論の新しさというのは、沖縄の基地引き取りという議論をヤマトの知識人が正面切って向き合って、具体的に論じたということ。つまり、従来の日本の反戦平和論とは一線を画して、むしろその責任を問うような形で沖縄の基地負担を問題にされたという点が非常に大きな関心と注目を集めた要因ではないかと思っています。

与儀 武秀

質問の1点目は、辺野古の新基地建設問題についてです。高橋さんは、ヤマトへの沖縄の基地引き取り論を主張されておりますが、喫緊の課題としてある辺野古について、例えば具体的にヤマトのどこに、いつまでに、どんな形でそれを引き取ろうと考えてい

らっしゃるのか、それをどのような道筋で具体化しようとされているのか。

2点目の質問になりますが、率直に申し上げて、高橋さんが主張されている沖縄の基地のヤマト引き取り論は、沖縄県内で賛同と戸惑い、両方の反応があると思います。ご指摘されているように、従来の反戦平和論がこれまで沖縄の基地負担を軽減できなかった。基地負担をむしろ継続してきたという指摘に賛同するという意見があると同時に、他方では、70年前の沖縄戦の経験を踏まえて、沖縄の人々の心情の中で、基地をどこかに持っていけば解決するという負担分配の論理ではなくて、やっぱり他人に基地負担を押しつけるのは嫌だという沖縄内部の拒否感がいまだに拭いがたくあるのではないかと思います。

高橋さんの倫理的な姿勢に共感する一方で、沖縄戦の経験を踏まえて、基地というのは絶対悪である、他人に基地負担を押しつけられないという経験則というのがまだ生きているのではないか。これはヤマトへの劣等感とか被差別感、日本と連帯できないというようなネガティブな理由ではなくて、戦後沖縄の歴史から生まれた経験則として、そこからくる拒否感だと思います。つまり、高橋さんの議論は、沖縄の基地負担を自身の問題として自覚しないヤマトの人々への問題提起的な内容になっていますが、沖縄ではその議論に賛同がある一方で、引き取りを強いることを躊躇するような沖縄の歴史経験があるということ。この両義性について、どうお感じになるのか。ご返答をよろしくお願いいたします。

移設先の具体策について

高橋 まず、1点目の質問に関して。沖縄に置かれている米軍基地が、本土の日本政府及びそれを支える日本人の責任に帰するものである、本来引き取るべきものであるというこの責任論をまず広めたい。そのうえで、どこで引き取るかは民主的なプロセスでやらなければならない。

鳩山首相のときは、彼がちゃんとした論理を持たずにとにかく候補地を探すということを優先して、いつまでにとやったために潰れてしまったと思う。ちゃんとなぜ引き取らなければいけないかという論理をつくって、これを首相として国民や、あるいはメディアに説くということが、足りなかったと思うのです。森本敏元防衛大臣は在任時に西日本のどこかに海兵隊の機能を移設できると言い[*10]、今の中谷元防衛大臣も、九州のどこかであれば移設可能だと言っていますね。しかし、政治的な理由、つまり現地の反対でできないという。沖縄は徹底的に反対しても聞き入れられない。責任論を広めたうえで具体的な候補地を考えていく、これが私のスタンスです。

先ほど、金城さんが触れられた大阪に引き取る行動ですが、例えば大阪では五つの具体的な候補地を検討して、これを市民運動として人々に訴え、かつ行政にも働きかけていこうとしているわけですね。これには当然また反対論が出てくるのですが、そこはもう徹底的に本土の責任で議論しなければいけないと思います。全国各地に、少数ではあっ

＊10 森本敏防衛大臣発言
航空自衛隊出身で国際政治学者の森本敏氏は2012年6月、民主党の第2次野田内閣で民間人初の防衛大臣に就任した。12年12月の退任直前、普天間基地の移設先について「軍事的には沖縄でなくてもよいが、政治的に考えると沖縄が最適の地域である」と発言した。

ても基地は引き取るべきだという人がいるのです。そういう人たちが声を上げていけば政治家の意識も変わっていくだろうし、そうやって民意を変えていって、政府に徹底的に県外移設の可能性を追求させる。今、私個人として、ここにという腹案があるわけではありません。

いつまでにできるか。もう沖縄の人に待ってもらうわけにはいかないと言っている以上は、基地の引き取りだって何十年もかけるわけにはいかない。いつまでにということを今申し上げることはできませんが、圧倒的多数が安保を支持しているわけですから、その枠内で説得し、できるだけ早く実現したいと思っています。

「ヤマト引き取り論」の両義性について

2点目のご質問ですが、これはもちろんとても重要なご質問で、特に沖縄の皆さんにそのような躊躇があるということは十分理解できることです。

沖縄の方がそうおっしゃるのに対して、沖縄の中で基地県外移設論に立つ人々は、県外移設を否定するならば、沖縄の次の世代の人たちに戦争の痛みを押しつけることになってしまうのではないか、とこういう反論をされていると承知しています。

私としては、基地県外移設論は、自分たちの痛みを本土の人に押しつけるわけではない、ということです。繰り返しますが、圧倒的多数の日本人が政治的に選択しているのです。日本に米軍基地を置く必要がある。これが安保支持8割、9割です。その政治的な選択に伴う負担とリスクですから、もしそれが問題であるならば自分たちで解決しなければならないのですね。沖縄のように安保自体も沖縄の人の関知しないところで結ばれて、基地は沖縄戦以来さまざまな土地で正当化されて押しつけられてきた。沖縄の痛みは沖縄の人にまったく責任がないところで生じている。政治的にそれを選択している人が結果として起こるかもしれない痛みと沖縄の痛みは、同じ痛みとは言えないのではないかと思います。

それからもう一つ。基地を本土に移設しても本当の解決にはならない、基地はなくすものであって移すものではない、とも言われるが、では、本当の解決ということで何を想定しているのだろうか。日米安保解消にはならないという意味なのか。そうだとすれば、これは本土で決着をつけなければいけない。同時にまた、安保を解消したらどうなるか。米軍は撤退します。アメリカに戻るか、あるいは世界の他の地域に行くわけです。国外移設も軍隊そのものをなくすことにはならない。

私はまず、歴史的に70年も押しつけられてきた沖縄から基地を撤去する。これが緊急の課題だと考えています。そういう意味では、基地は移すものではなくてなくすものだ、本当の解決にはならないという議論に対しては、私は疑問を持っています。

本当の解決は安保解消だとするならば、私と同じです。地球上から軍隊をなくすことが本当の解決だということにも、私は共感します。しかしそれは、究極の目標として持っていたいということです。

国土利用計画法を法律的な手段として

高嶺朝一　阿波連さんはこれまで土地所有権をずっと研究してこられました。2年前に阿波連さんが書かれたもので、日本の土地所有権の歴史を、判例研究等も踏まえながら分析した分厚い論文があります。その中には、大田知事時代の代理署名訴訟[*11]のことも書かれていました。それを読んだときに、直感的に、これ辺野古の問題でも使えるのじゃないか、ということを阿波連さんに話したのです。阿波連さんは、そうだ、と応じていました。その後、これまた330ページに及ぶ公有水面埋立法についての論文[*12]を発表されました。その論文の大部分は、第三者委員会[*13]の報告の中に、私が見たところかなりの部分、引用されております。

今、県と国との間で複数の裁判が進行中ですが、その中にもかなり彼の考えが採用されているのではないか、と思っております。謙虚な人だから本人からは言いにくいかもしれませんが、阿波連さんは、昨年の県知事選の前から、前知事の埋め立て承認は取り消し、ないし撤回できるのだということをずっと発言しておりました。それは、僕らに希望を与える理論的な裏付けになったと思います。

高嶺 朝一

＊11　代理署名訴訟
駐留軍用地特措法の手続きで、地主が土地使用を拒否した場合に市町村長が代理を拒否すると、知事が代理署名をする。1995年の少女乱暴事件を受けて大田昌秀知事が代理署名を拒否したため、総理大臣が地方自治法の職務執行命令手続きによって起こした訴訟。96年8月、最高裁の大法廷判決で知事敗訴が確定した。97年には国の強制使用期限が切れた後も軍用地の暫定使用が認められるように駐留軍用地特措法が改正された。

基地関係の裁判、安全保障の絡む裁判は、日本でもそうですが、アメリカやその他の国々でも、裁判で勝てるというのは少ないのですね。訴えた住民が大体負けるという筋書きが多い。沖縄でもだいたい負けている。それを早い時期から、勝てるのだということを阿波連さんは主張していました。最初は「絶対勝てる」と言っていたが、最近は「勝機あり」に少しトーンダウンしているが（笑）。

阿波連さんの論文は、世界の主流が環境というテーマで追求する手法が多いなか、地域経済計画とか土地所有権の制限、土地所有権と公有水面埋立法、特に国土利用という観点から、つまり国家の根幹に関わる国土利用計画法などを法律的な手段として使えば、まっとうな日本の官僚、まっとうな法律家であれば、これは絶対に勝てる、と主張しています。今日の話は、情熱があまりにも溢れすぎて……（笑）。配布されている資料を読んでいただければ、この裁判には勝機があり、希望が持てるということが理解できると思います。

私の質問は一点だけです。県が、知事が勝てるポイントは何ですか。ひとつだけ答えてください。

県が辺野古代執行に勝つポイントについて

阿波連　ではひとつだけ。今の裁判は埋め立て承認という問題であって、基地をどうするかという問題ではない。ところが県のほうは、基地をどうするか、という裁判を起こ

＊12　「公有水面埋立法と土地所有権—都道府県知事の埋立て承認の法的性質論」『静岡大学法政研究』第19巻3・4号2015年。

＊13　第三者委員会
翁長雄志知事が、仲井真弘多前知事の辺野古埋め立て承認に法的瑕疵がないかを検証するために設けた委員会。法律専門家3人、環境専門家3人で構成。約半年間の検討の結果、4点の法的瑕疵があったとの報告書を提出した。翁長知事は約3ケ月後に埋め立て承認を取り消した。

しております。土俵が違っている。裁判に勝つようにしないといけない。

石川　ありがとうございました。ではこれで前半を終了したいと思います。

会場からの質問に答える

金城氏への質問

石川　では、最初に金城さんへのご質問から。まず、本土の引き取り運動というものをどのように展開していくのか。次に沖縄では独立論というのが主張されていますが、そのことについてどう思われるか。「間違いをやめる」というのはどういうことか、もう一点は、橋下さんが大阪府知事の頃に大阪で引き受けるということでしたが、後でそれを引っ込めたという経緯*14があります。そのことに関しても一言、お願いします。

金城　引き取り運動の展開についてですが、大阪にいる「日本人」が自らの意思でやっております。先日、大阪の駅でビラをまくというので、私たちも一緒に配布してきました。来る2016年1月には八尾空港の近くの駅でビラまきをする予定です。*15 つまり、具体的にその場所に出かけていって、そこで問いかけをし、議論していきたい。私の印象ですが、ビラを受け取る人が結構多かった。「大阪に何で持ってこなあかんのですか?」と言う人も

＊14　橋下徹大阪府知事の普天間基地引き受け発言
2009年に橋下徹大阪府知事が、国から提案があれば普天間基地の訓練の一部を関西空港で引き受けるかどうか議論に応じてもいい旨の発言をして波紋を呼んだ。

いて、今までの平和運動と違って何かインパクトがあるようです。すべての基地をなくそうという文言ではなかったので、衝撃を与えた。そういう意味では考えるという人たちがいる。先ほど「基地引き取り運動」は少数だと言ってしまいましたが、それはいわゆる反戦平和団体の中では少数派だということです。私の感触では、これまで平和運動の中心的立場ではなくて、むしろ周辺にいた人たちの中では決して少数ではないような気がします。私たち大阪にいる沖縄人は、一緒に動けるときは動くし、そうでないときは彼らだけで動くというそういう流れです。自分たちが「基地を引き取れ」と「強いる」ということではありません。もう、そういう感覚からは完全に次の段階に入ったと思います。

　2番目ですが、私は独立論は大いに議論したほうがいい、と考えています。しかし、今、大阪にいて私が大事にしている点は、沖縄と日本の関係を対等にする意思があるかどうかということです。それは沖縄を理解するとかというこ

＊15　「沖縄差別を解消するために沖縄の米軍基地を大阪に引き取る行動」の配布ビラ

　沖縄の基地をなくすためには、まず、沖縄への差別と向き合い、それをやめていくことから始めなければならないのではないでしょうか。その方法が、私たちが日米安保条約を支持している結果としてある米軍基地を、本来の負担場所である私たちの住んでいる町へ引き取ることだと思っています。

　もちろん、私たちは日米安保を支持したことはありません。しかし、支持者が多数を占め、沖縄に差別政策を強いている日本政府を支えている（方針転換させられていない）一員であること、さらに、日米安保の負の部分は背負わず恩恵だけを受けてきた一人であるという事実と向き合ったとき、基地を引き取るべき立場にいることに変わりはないと感じています。

・これは沖縄のためではなく、私たち日本に住む人のための行動

　沖縄の米軍基地を大阪に引き取るとなると、様々な懸念があることも承知しています。しかし、それは実際に沖縄で起きていることであり、私たちはずっとその責任逃れをしてきたのだということを肝に銘じなければならないと思います。様々な問題や懸念は、沖縄から基地を引き取ると決めた上で、大阪に住むみんなで話し合って解決していきましょう。それを理由に沖縄に基地を置き続けることだけはもうやめたいと思います。そして、ずっと沖縄任せにしてきた米軍基地のこと、安全保障をどうするのかということを自分たちの問題として考えていきましょう。そして、本当の意味でそれらが必要ないと判断できるのであれば米軍基地の撤去は迅速に進めることができると思います。

　まずは、普天間基地の移設を辺野古ではなく、大阪で引き受けること。みなさんの力をかしてください。

●参考記事・参考文献：
高橋哲哉（2015）『沖縄の米軍基地―「県外移設」を考える』集英社新書。
http://www.okinawatimes.co.jp/cross/?id=235&p=1

●これはあくまでも誘致運動ではありません。
この行動は日本に住む私たちが強いている沖縄差別を解消し、押しつけている基地を本来あるべき場所へ引き取ることを目的としたものであり、基地の誘致運動ではありません。

私たちはこんなところに基地の引き取りを考えています。

沖縄差別を解消するために沖縄の米軍基地を大阪に引き取る行動（引き取る行動・大阪）
【連絡先】info@tbbo.koudo.info

八尾空港　大阪府八尾市にある空港。1490mと1200mの交差した滑走路がある

とではない。違いをちゃんと認めてくれたらいい、それを受け止めてほしいということです。同化、迎合をせずに、人権として対等な関係が日本社会のなかでできていくのであれば、それが一番いい。全然そういう方向に行かないのであれば、政治的判断として独立はあり得る、と思っています。独立は決して虚構でもなくて、具体的な身近な形で議論されるべきだと思います。

それから、「間違いをやめる」ということについて。これは「正しい」とは何か、ということでもあります。人は「正しい」と思い込むと、自分でものを考えなくなる。正しいという概念にしがみついて、「間違い」を自覚できない。それに気がつかなくなります。日本では強いほうが勝つという政治が行われています。日本の「正しさ」とぶつかる時、沖縄の「正しさ」が潰されてきたのではないでしょうか。「正しい」ということの中にも暴力が存在している。沖縄の先人たちは、「かなぐすく」を「きんじょう」に変えたように、自分たちの名前すら日本人の正しさに合わせてきた。そして、このような暴力を受けた側がその暴力を正さなかったことを間違いだ、と後の世代は言う。しかし、先人たちは生き延びるために同化と迎合をせざるを得なかったわけで、彼らの間違いを否定することはできない。先人たちがその間違いのなかで生き抜くことによって、自分たちは生まれてきたわけです。「間違いを共有する」ことで、親たちの世代ができなかったことを自分たちの世代で正していけばいい。つまり、間違いを否定的なものと捉えるのではなくて、それを受け止め、それにしっかりと向き合うことによって、その間違いを正す力というのは出てくるように思っております。

最後の点ですが。橋下さんという人のキャラクターに幾つか問題があるのだろうと思っています。関西空港という話を自ら出しておいて、後になると、いや神戸空港がいいですよ、と言ったりする。神戸空港は彼の管轄とは関係ないはずなのに。問題は市民運動がまず引き取るのだと主張していく中で、行政を巻き込んで、そういう方向を追求していくということが必要であろう、と思っています。

高橋氏への質問

石川 高橋さんに対する質問です。本土の人の関心を引きつけるにはどうしたらいいのか。米軍基地の県外への引き取り運動は浸透しにくいのではないか。また、安保を廃棄した場合に、日本の軍事力が強化されていくのではないか、という質問がきております。

高橋 1点目。もちろん浸透しにくいと思います。その一方で、安保廃棄の支持者は、何十年と革新政党が掲げてきたにもかかわらず、どんどん減っていっております。県外移設は鳩山由紀夫首相も言ったし、首相で最初に言ったのは小泉純一郎首相でありました[*16]。つまり、自民党、民主党という政権をとったことのある政党の首相が、一度はそれぞれ呼びかけているわけです。8割、9割の国民が安保を支持する下で政権与党が呼び

＊16 小泉純一郎首相の基地本土移転推進発言
小泉純一郎首相は2004年10月1日、共同通信加盟社編集局長会議で講演した際、在日米軍再編で沖縄の負担軽減のために在沖米軍基地の本土移転を進めていく考えを初めて表明した。その後、本土の米軍基地や自衛隊基地が移転先として取りざたされたが、それぞれの自治体が猛反発した。小泉首相は翌05年6月24日、「本土に移そうというと各自治体が全部反対する。実に難しい。総論賛成各論反対だ」と述べた。

かけた。今の金城さんの話とも重なってしまうかもしれませんが、首相が呼びかけるのを待つのではなく、まず市民のほうから基地引き取りの声を各地で上げていくことによってメディアで取り上げてもらえば、政治家もこれを無視できなくなる。本土の住民はこれに向き合わなければならないだろう。そうすることで、不平等をとにかく解消すべきだという思いが多くの人に広がっていくと思います。

本土の人は安保を支持していながら当事者意識がない。さらに責任意識がありません。もっと言えば、実は、これは現在進行形の加害行為です。金城さんは暴力とおっしゃっておりますが、ともかくそれを止めなければならない。県外移設以外の他の選択肢では一般国民は当事者意識をもてません。

2点目。安保を廃棄した場合、確かに軍事力強化に日本が行く可能性はあります。もちろん私はそれに反対です。沖縄から米軍基地を撤去したら、その代わりに自衛隊が入ってくると言われている。現に宮古や石垣や与那国に自衛隊が配備されつつあります。沖縄県を日本の最前線の軍事要塞化することには断固反対で、自衛隊配備も含めて反対していきたい。安保を廃棄したらどうなるか。私は、そうなっても憲法9条を堅持すべきだと言っていくつもりです。9条2項を文字どおり実現したら日本は丸裸になるぞという議論がありますが、私は、現実的に考えて、日本の自衛隊を東アジアの他国との関係を踏まえつつ、可能な限り軍縮していく。そのためにも、2項も含めて憲法9条を私は堅持したい、と思います。安保条約を廃棄したら、米軍がいなくなったら、多くの人は自衛隊を増強しようと言うだろうが、私は、そうではない別の選択肢を取るべきだと主張していかなければならないと思っています。

阿波連氏への質問

石川 最後は阿波連さん。まず、法的手段で政府に勝てる根拠は何か。また、日米安保を司法は判断しないのではないか、という質問です。

阿波連 司法が安保条約について問題にしないのではないかという点ですが、基地問題で裁判は3つあるんです。1つは安保条約が違憲か否か。2つ目は飛行機を飛ばすのを止めろという基地の運用。3つ目は、基地を造る土地利用権原（土地所有権）を得るかどうかの問題です。

法律で公共事業は決められております。米軍基地では駐留軍用地特別措置法[*17]です。その法律には、基地に使用することが国土利用上、適正かつ合理的であるかどうかという要件があるわけです。つまり、基地を造る、土地利用権原（土地所有権）を得るという問題は、まさに日本の裁判の判断圏内に入ってくるわけです。ですから、日米安保条約の違法性の問題と、基地を造った上で運用するという問題と、基地自体を造るという土地利用権原（土地所有権）確保の問題はまったく別です。基地自体を造るということは、

＊17 駐留軍用地特別措置法（米軍用地特別措置法）
日米安保条約に基づき、在日米軍に土地を提供するための特別措置法。本土では1961年以来、適用はなかった。しかし、日本に復帰した沖縄では、82年に時限立法の延長ができなくなり、21年ぶりに同法を適用した。地主が拒否した場合は市町村長が、市町村長が拒否すれば知事が代理署名をするという仕組みだったが、95年、少女乱暴事件を受けて大田昌秀知事が代理署名を拒否したため、村山富市首相が知事を相手に職務執行命令訴訟（いわゆる代理署名訴訟）を起こした。裁判中の96年、使用期限切れが発生した。97年、使用期限が切れても明け渡しをせず使用が続けられる改正案が国会の圧倒的多数の賛成で可決成立して現在に至る。

この国土を日本国が利用できるということ。それを利用させるということが埋め立て承認だったわけです。これはまさに日本の裁判官が、日本の司法が判断できる問題です。基地を造って国に与えた後で、県知事がこうしなさいと言うことはできない。この土地を使わせるかどうかが（20年前に裁判になった）代理署名で、埋め立て承認と同じです。それについて裁判所は判断できる。代理署名訴訟で高裁は却下したが、最高裁は「判断できる」と断言しました。

「勝ちますか」と聞かれて「勝つ」と言ったら、法律家として裁判自体を否定することになるので、「県側の主張、立証では勝機がある」と言っております。土地所有権を与えるかどうかは知事の承認を得なければならず、国が勝手に決めることはできない。今回は、裁判所が判断できる千載一遇のチャンスであるわけです。

「辺野古移設問題」をどう考えるか

石川　最後に「辺野古移設問題」をどう考えるのか。一人一言ずつお願いします。

高嶺　司法や知事の行政で、この問題が片付くとは思えない。やはり現場は辺野古です。そこに1万人、10万人という人が集まれば、絶対新基地は造れない。日本国民一人ひとりが、日米同盟、軍事基地がどうあるべきかと考える機会になる。それは、日本を変えることにもなると思います。阿波連さんが言ったように、千載一遇のチャンスである。

与儀　裁判で県側が負けたとすれば、そのときに辺野古は埋めていいのか。私は極端に言えばそう思いません。沖縄の過重な基地負担によって日本の安全保障が担保されていることが正面から問われなければいけない。沖縄の民意がこれ以上の基地負担を拒否する明確な意思表示をしていることが、辺野古の問題のもっとも本質的なところなのではないかと思っています。

稲福　辺野古新基地建設を阻止し普天間基地を県外に移設しても、沖縄の圧倒的な過重負担が解決するわけではない。しかし、埋め立てを阻止することができたら、その経験から沖縄の将来をつくる新たな大きなエネルギーが出てくるだろう。沖縄の未来を我々の手で描くことができるかどうか、その試金石だと思っております。

金城　この前、連合大阪の集まりで話した時、数人は安保条約を支持する、に挙手し、なかには、「支持する以上、基地はやっぱり引き取らなあかんだろう」と答える人がいた。日本も変わらざるを得ない状況になっている。責任を自分で考える人たちが、辺野古の運動によって生まれてきているように思います。

高橋　断固、辺野古新基地建設に反対する。そうすると、普天間は固定化という脅しがかかる。だから引き取りが必要だ。本土引き取りが問題になった時、本土の住民が初めて基地という現実に直面する。世界最強の軍隊の基地を沖縄に押しつけてきて、憲法9

条を守りましたと、私はもう言えないのですね。ですから、憲法9条にノーベル賞[*18]をというのにも、ものすごく違和感があります。辺野古移設反対を主張し続けるのと同時に、県外移設を主張し続けたいと思っています。

阿波連　辺野古移設問題のなかには、私たちが取り戻すべきものが集約されていると捉えています。沖縄戦による戦争トラウマ、敗戦の姿沖縄、基地に寄生され沖縄の発展をとめている構造的な状況、これらを解決し、沖縄を取り戻し、当然のものとして自らの手に入れなければならないと思います。

石川　ありがとうございました。これでシンポジウムを閉じます。当研究所の照屋副所長から最後に一言お願いします。

照屋寛之　本日は多数の方々がご出席くださいまして、基地問題に対する皆さんの関心の高さを感じました。また、「辺野古移設問題」を考えるには多様な論点、観点から掘り下げることの大切さも実感したところであります。これをもちまして閉会とします。皆様のご出席、また長時間のご清聴、誠にありがとうございました。

＊18　「憲法9条にノーベル平和賞を」
神奈川県の女性が始めた運動で、実行委員会を組織して運動を展開している。「戦争放棄を定める憲法9条を保持している日本国民」にノーベル平和賞授与を求める。2016年まで3年連続でノルウェーのノーベル賞委員会から候補にノミネートされた。

2 埋め立て承認と取り消し「和解」の意味と展望　―阿波連正一氏に聞く―

主張変更なら勝訴

辺野古代執行訴訟は2016年3月4日、和解で終決した。国は和解条項通りだとして、7日にあらためて「是正指示」を行い、不備を指摘され16日に出し直した。沖縄県と国の法的な争いはこのまま和解条項に沿って新たな訴訟に一直線に向かうのだろうか。土地所有権法に詳しい阿波連正一教授は法律論の立場から今回の訴訟を詳しく分析しており、琉球新報1月11～14日付では、県に勝機があると論じた。その後の知事尋問や和解成立、そして新たな動きを踏まえて、阿波連教授に今回の和解の意味と今後の展望について聞いた。阿波連教授は、県が主張を変更しなければ敗訴は免れないと指摘した。（琉球新報2016年3月21～23日掲載を一部修正／構成・米倉外昭）

※104頁資料参照

知事尋問に四つの関門

Q　今回、国が急転直下で和解を受け入れたことは驚きをもって受け止められました。その前に、このような代執行訴訟で裁判所が和解勧告をしたことも異例でした。県はもともと今回成立した和解案に対して受け入れる意向を示していたわけですが、これを政府が受け入れたのはなぜでしょうか。

A　国が敗訴することが明らかになったからだ。私は1996年の代理署名訴訟最高裁大法廷判決で基地の過重負担が判断要素になることが示されていることと、国が本件訴訟において公有水面埋立法の趣旨を「周辺の土地利用の現況といった国土利用上の観点からみて適正かつ合理的といえるか否か」すなわち「国民経済の向上」「地域経済の向上」と定義したことから、県がこれを踏まえて法律構成をすれば県に勝機があると論じてきた。仲井真前知事の埋め立て承認に法的瑕疵《かし》があるとした第三者委員会（委員長・大城浩弁護士）も同様の判断をしていた。ところが、本件訴訟で県弁護団は、翁長知事の取り消しの根拠となった第三者委員会報告書を踏まえず、極めて独自の見解に基づき法律構成をした。国はこの矛盾を突く作戦を立て、2月15日の知事尋問で県側を法的に追い詰めようとした。しかし、知事がこれを見事に切り抜けた。結局、国は勝訴判決を得ることは不可能と判断し、政治的メリットもある和解を選んだのだろう。

勝つつもりだった国

Q　和解は選挙をにらんだ政治的思惑からという見方があります。また、手続き的に無理筋だったという指摘もかなりあります。しかし、国が自ら起こした裁判であり、国際的にも注目された裁判ですから１００％勝つつもりだったのではないでしょうか。

A　政治的理由は本質ではない。完璧に勝つことがはっきりしていれば、勝訴判決の方が明らかに政治的意義も効果も大きいからだ。だからこそ、国が和解を選んだということは大変なことだ。知事尋問を見ると分かるように、手続きも本質ではない。裁判の本質の部分で勝てなかったということだ。しかし、知事尋問までは国は勝つ気満々だった。県弁護団の主張を基に周到にわなを仕掛けていたからだ。もし知事が失敗していたら、和解もなく、工事中止もなく、万事休すだったのではないか。

Q　国側が仕掛けたわなとはどういうものでしょうか。また、国側はどのような判決を目指していたのでしょうか。

A　国側が狙った判決は、「このような県の主張は日本の法秩序に反しており、本件取り消し処分は司法の保護に値しないから、違法・無効である」というものだ。そこへ向けて、知事尋問に四つの関門を設けた。（1）翁長知事の取り消しは政治手法の一つである、（2）翁長知事は司法判断（判決）に服従しない可能性がある、（3）埋立承認と取り消しは裏腹でありそれぞれ知事が独自に判断できるという考え方は法秩序になじまない、（4）翁長知事は日本政府を「敵」として批判している。以上を立証しようとした。

争点は「職権取消権」

Q　知事尋問では、国側は県に対し判決に従うかどうか、また取り消し判断についてしつこく質問を繰り返した。裁判官も質問に加わった。この異様な知事尋問から何が読み取れるのか。

A　知事尋問で国が争点にしたのは、埋め立て承認を取り消した翁長知事の「職権取消権」の根拠だった。仲井真前知事が行った埋め立て承認という行政処分が「原処分」で、翁長知事が行った埋め立て承認の取り消しという行政処分が「取消処分」である。例えば宇賀克也氏によると、「職権取消」とは「当該行政行為が違法であったことを行政庁が認識し、職権で当該行政行為の効力を失わせる場合」とし、違法になされた行政行為は「原則としては取り消しをすべきことになろう」とする（宇賀克也『行政法概説1（第5版）』）。つまり、原処分の違法性が職権取消権の発生根拠なのである。ところが県弁護団は違う主張をしている。すなわち、取り消し処分者が違法性を判断できるという考え方だ。

Q　県の第10準備書面でこう述べています。「そもそも、処分庁が法律上の根拠なく自庁取消を行うことができるとされるのは、取消処分が、原処分の根拠法規がかかる原処分について処分庁に与えている権限と裏腹の関係だからである」。承認と取り消しが「裏腹の関係」にあると言っています。

A　さらに県はこう述べている。「被告（県）は、公有水面埋立法上、埋立承認処分権限を有しているから、既になされている埋立承認処分の違法性（要件充足性）を判断し、取消権を行使できるのである」（第10準備書面）。一般的に埋立権を与えるような「受益的処分」が2度なされることはない。しかし、県の説では、一般的にできることになる。

承認権限を誤解

Q　県側はなぜ第三者委員会報告書と違う主張をしているのでしょうか。

A　そもそも、公有水面埋立法における知事の埋め立て承認権限の意味を県弁護団は誤解している。第1準備書面でこう述べている。「都道府県知事に承認権限を与えているのは、公有水面埋め立ては当該地域に重大なインパクト、深刻な不利益を与える可能性があることから、公有水面埋立法第4条第1項第1号は、不適正・不合理な公有水面埋め立てによって、当該地方公共団体の利益が侵害される場合は都道府県知事が公有水面埋め立てを承認しないという権限を付与することで、不適正・不合理な公有水面埋め立てによって当該地方公共団体の利益が侵害されないという利益を保護しているのである」。つまり地方公共団体の利益のために承認権限があるとしている。だから、同様に判断をして取り消す権限もあるという解釈だ。

政治手法の1つか

Q 第三者委員会を設けて前知事の承認判断の法的瑕疵を検証し、その結果に従って取り消したということとは違いますね。

A 時間的な流れの中で社会関係が形成されていくことを前提にして法秩序がある。その維持を任務とする司法の立場に、県の主張はなじまない。埋め立てが承認されたので工事が始まり、工事が進んでしまえば、承認を取り消しても元には戻せない。時間とともに事実が積み上がっていく。従って、取り消しは既に形成された社会関係を破壊することだから、「原処分に瑕疵があった場合」という条件が必要になるのだ。法治主義とは、このような既成法秩序の維持のための規範的・制度的システムのことである。日本では行政も司法もそのように動いているが、本件訴訟で県は異なる認識での主張をした。そこで国は、県主張の弱点を突いて、知事尋問で四つの関門を設けて勝訴を目指したということだ。

Q 知事尋問で国側はこう質問しています。「あらゆる手段を駆使して辺野古新基地を阻止する。これがあなたの選挙公約か」。さらに「今回の埋め立て承認取り消しも、あらゆる手法の中の一つか」。これが第1関門ですね。

A 知事は「表現方法が適切かどうか分からないが、そういうスタンスだ」と答える。国は「今回の埋め立て承認の取り消しはあなたの公約や政治家としての信念の実現のためにしたことか」と畳み掛ける。「そうだ」と答えたら終わりだった。しかし知事はこう述べた。「それはやはり制約があると思う。なぜかというと、第三者委員会の法律的な瑕疵の検証がある中で、そこで法律的な瑕疵がなかったと言えば、それはそこで終わりだから、一貫としてというわけではないと思う」。県の準備書面で主張していた、「(県知事は)既になされている埋め立て承認処分の違法性を判断し取消権を行使できる」を否定したことになる。第1関門と同時に第3関門もクリアしている。

那覇空港と比較

Q　さらに、国側は那覇空港第2滑走路の埋め立て承認を取り上げ、「この承認について検証しようと考えたことはないのか」とも聞きました。

A　県の主張では、公有水面埋立法第4条1項1号の「国土利用上適正かつ合理的なること」を「埋め立ての必要性と自然の保全の重要性、埋め立て及び埋め立て後の土地利用が周囲の自然環境に及ぼす影響の比較衡量を意味する」として1号要件を環境保全に限定した。しかし、環境保全は「条件」であって「趣旨・目的」ではない。環境保全が「目的」なら那覇空港でも検証されなければならない。国はこの矛盾を突こうとしたのだろう。知事はこう答える。「私が就任する以前からこの問題が浮上していることはなかった。県民の反対運動もなかった。このことについて、いわゆる辺野古のような検証をするということは、今の時点ではない」。この答えは、環境保全は「目的」ではなく「条件」であるという立場を示したことになる。取り消しの判断時期についても問われ、第三者委員会報告の後だったと明確にした。政治的信条に基づく取り消しではなく、承認に瑕疵があったから取り消したということを示したことになる。

判決への服従度

Q　次に、国側は判決に従うかと11回も質問しました。司法判断への服従度という第2の関門ということですね。

A　司法判断への服従度の低い者に取消権を認めてはならないという立場からだ。ここで争点になっている「職権取消権」は、裁判所による司法統制への服従と信頼を前提としている。裁判は政治の手段ではなく、政治が尽きた最終判断であり、それが法治主義の要請でもある。そのために11回も知事に問いただし、判決に従うよう誓わせたのである。

Q　承認について「最も重要な瑕疵はどういうところか」と問われ、知事は「一番法的な瑕疵は埋め立ての必要性。これについては大変重要な部分だろうと思う。それからやはり、大浦湾はジュゴンの生息地で、生態系がしっかりしたところでもある。環境保全、生活環境もだ。それから国土利用の適正かつ合理性に関して、基地のあり方も歴史も含めて、そういったことも考えられる」と答えました。そして、「単純に面積だけで縮小にならない」と指摘して、普天間から辺野古への移転で沖縄の負担軽減になるという国の主張を否定しました。この後、国側は「(那覇市長時代に) 辺野古を容認した経緯がある」などと知事の主張の変化を追及します。

A　国側は、辺野古移設反対は政治的立場の変更による主観的なもので、法的瑕疵の認識によるものではないと立証しようとした。知事は、主張の変化は米軍再編による政策変更という客観情勢の変化に対応したものと答え、難問を見事に切り抜けている。

Q　そして、判決への服従度を繰り返しただされます。その5回目で国側は「これまであなたはたびたび記者会見で辺野古に基地は造らせないとか、今後ともあらゆる手法を用いて辺野古に代替施設を造らせないとの公約実現に向け不退転の決意で取り組むということも言っている。この発言との関係はどうなる」と問いました。知事は「私があるとあらゆる手段を用いるというのは、それこそいろいろあると思う。私が去年行動した中で、仮にワシントンDC、向こうのアメリカ政府が分かったと言えば、それもありとあらゆる手段になる。その意味からするといろんなやり方がある」と答えます。

A　アメリカの判断が日本の司法より上だと答えたわけだ。国側が「そうすると、あなた自身の公約であるとか辺野古に造らせないという政治的姿勢と、司法の判断に従うということは両立する話だというのか」と問うと、知事は

「その意味では、例えば先の話で米国が了解した場合にどうだということにならない」と見事に切り返している。

「間違いは正す」

Q　次に国側は第3関門の、知事が埋め立て承認と裏腹に取り消しの要件を判断できるかどうかという問題を追及します。質問は4回繰り返されます。「あなたの知事という立場でもう一度見てみると、国が行った承認の申請は要件を満たしていないと考えるか」。知事がずれた答えをしたので、2回目は裁判長が質問をします。

A　裁判長は「この埋め立て承認について、所定の法定の要件を欠いていると今、思っているかということ」と言い換えた。「今」と聞くのは、争点である知事の「職権取消権」の根拠を問うことであり、巧妙だ。知事が「はい」と答えたらアウトだった。知事は質問に疑問を感じたのか、口ごもる。そして国側が再び「今、あなたが答えたのは決断したのはなぜかというところ。埋め立て承認を取り消された今の知事の目から見て、あの申請書を見てみると、要件を欠いているというそういう判断か」。知事は質問の意味が分かったのだろう。「法的な瑕疵があったということだ。はい」と答える。

Q　4回目の質問に対して「私は新しい民意の中で、行政的な瑕疵があると、それについて取り消しの権限は持っていると思っている」と答えました。選挙で選ばれた知事として瑕疵があれば取り消す権限があると述べたわけですね。その後は国側が「取り消しは簡単にできないものだ」と質問します。

A　知事は「行政の安定もあると思うが、一方で硬直化という問題も出てくる。間違いがあるものは正すということだ」。これで国側はかぶとを脱ぐ。沖縄県の法律構成に基づいて知事の弱点を突く国側のもくろみは失敗した。第一線の優秀な訟務検事たちに知事が完勝したのである。

Q　第4の関門は知事が日本政府を「敵」としているのではないかという点です。知事の陳述書の「保守は革新の敵ではなく、革新は保守の敵ではない。敵は別のところにいるのではないか」という表現に関して聞いてきました。こんな質問をされるところに、国と争うことの怖さを感じます。

A　知事は「敵という言葉が正しかったかは分からないが、県民の思うような形で動くことのできない仕組みを『敵』と表現した」と、日本政府とは特定せず、抽象的な仕組みだと述べた。これで関門全てをクリアした。

Q　和解条項をどう理解すべきでしょうか。「是正の指示の取消訴訟判決確定後は、直ちに、同判決に従い、同主文、およびそれを導く理由の趣旨に沿った手続きを実施するとともに、その後も同趣旨に従って互いに協力して誠実に対応することを相互に確約する」となっています。

A　前知事の承認取り消しではなく、新たな申請について承認するかどうかは、翁長知事がその時点で要件を判断することになる。しかし、和解状況に「趣旨」という言葉が入っていることが問題だ。主文と理由の「趣旨」に従って対応することになっているので、前知事の承認を認める県敗訴判決なら、その後の手続きも埋め立てを進めるものにならざるを得ない。そうしなければ、また裁判を起こされて、知事の職権濫用《らんよう》の違法という判決になり、さらには損害賠償を請求される可能性もある。

勝つための法律構成

Q　とすると、埋め立てを阻止するためには新たな訴訟で県が勝つしかありません。県の法律構成をどのように変更すれば勝てるのでしょうか。

A　代理署名訴訟最高裁判決で基地の過重負担が判断要素になると判示したことを踏まえた上で、第三者委員会報告書が示した、米軍基地の過重負担の歴史的現実が(1)「地域経済の向上」に対する著しい阻害要因であること、(2)米軍基地の「公共性」に対しても阻害要因になること、(3)憲法および国土計画関連法（地域形成計画法）に反する違法状態にあること——を法律構成しなければならない。第三者委員会は、公有水面埋立法が土地収用法と同様の国民経済向上のための土地利用権原確保の法であるとして法律構成した。代理署名訴訟判決も、米軍用地を強制使用する法律についてのものであり、土地収用法と共通している。この前の知事尋問では何とかクリアしたが、県側が新たな裁判でも主張を変更しなければ、その主張を知事が承認したことになり、敗訴は免れないだろう。

県議会の知事答弁

Q　ところで、次に想定される訴訟の判決後の県の姿勢をめぐる議論があります。3月8日の県議会で、知事は「今回の2件の訴訟の和解で、今後、設計変更などいろいろある。法令などに従い適正に判断することに変わりない」と述べました。これが「敗訴でも権限行使する」と受け止められています。

A　まず、これは法律的には和解条項には反しない。知事が想定している設計変更などの承認は新たに判断することであって、今回の和解条項には含まれない。しかし、「敗訴でも」という表現自体に「判決には従わない」という意味合いがあり、このように報道されたことで、次の訴訟で県の敗訴が決まってしまったと危惧している。「知事は判決に従わないのではないか」と裁判官に心証を持たれたからだ。知事尋問で11回も判決に従うと答え司法への服従を誓ったが、それを県議会答弁で否定したと見なされる。知事がこれを県議会の場で明確に修正しなければ、裁判で不利な証拠として使われるだろう。新訴訟に向けて県は、法律構成の変更とともに、司法への服従度が低いという心証を解く必要がある。

Q　敗訴を想定して対応を問うという議論自体が奇妙です。県議会での知事や知事公室長の答弁は一般論を述べただけです。ところが、県議会の質問も報道も「敗訴でも抵抗する」ことを強調しているようです。一方は知事の司法への服従度の低さを印象付け、もう一方は知事の辺野古阻止への決意の固さを評価しているように見えます。

A　それぞれ政治的な思惑があるのだろう。しかし、主観的正義と客観的正義は違う。政治的思惑はどうあれ、公式の場の発言は裁判の勝敗に直結する。裁判の世界と政治の世界は違うのである。法律については客観的正義に基づいた議論を行うべきなのである。

II

「国境の島」沖縄が問う

―自衛隊配備を考える―

講師
半田　滋（東京新聞論説兼編集委員）

コメンテーター
野添文彬（沖縄国際大学沖縄法政研究所所員、同大法学部講師）

沖縄国際大学にて、2016年1月30日に開催された講演会（連続企画2）

先島で進む自衛隊増強

尖閣諸島をめぐる中国との軍事対立が、米海兵隊辺野古新基地建設を強行する理由となっている。米海兵隊の機能、役割への疑義は既に明らかにされてきたが、その陰で、先島での陸上自衛隊増強が着々と進められていることには、十分な注意が払われていない。

与那国町では、自衛隊レーダー基地の建設が進捗し、巨大な施設の外観が立ち現れた。宮古島市でも石垣市でも、陸自ミサイル部隊配備受け入れへの動きが目立つ。また、防衛省は「南西シフト」に向けて、不足する予備自衛官と輸送艦を補うために、予備自衛官補制度を活用し、民間船舶を運航させる方針である。(1月10日付毎日新聞)。事態は、ここまで来ているのである。

軍事衝突が起きれば、真っ先に被害を受けるこれら島嶼部自治体が、進んで軍事力増強を受け入れている背景には、陸上自衛隊がこれらの島々を中国から防衛するという日本政府の宣伝が浸透しているからである。

「尖閣の次には宮古、八重山が中国に侵略される」という言説が、米海兵隊と、それが離島防衛・奪還作戦の指導をしている陸自の水陸機動団の予算確保に使われている。仮に中国軍が先島への侵略・占領を図るならば、その防衛は、空自・海自が担い、当然米空海軍の介入も招く。

では、なぜ陸自なのか。米側には、中国海軍に向けた対艦ミサイルを同盟国の「陸軍」に島嶼部配備させ、中国海軍を抑え込ませる戦略がある。先島の陸自は、島々を守るために配備されるのではない。

一方、与那国町で顕著なように、離島自治体は自衛隊誘致による経済振興、人口増に期待をかけている。そこまで追い込まれた背景には、首里中心の心理的階層構造が今も残り、沖縄島住民が他の島々の状況に関心を払ってこなかった実情がある。ちょうど辺野古問題に関して沖縄県民が反発を抱く、県外国民の無関心と、同じ構図があるのではないか。

沖縄住民の無関心背景に　佐藤　学(沖縄国際大学法学部教授)

沖縄国際大学沖縄法政研究所は、東京新聞論説委員兼編集委員・半田滋氏を招いて、講演会「国境の島　沖縄が問う—自衛隊配備を考える」を1月30日午後2時～4時に開催する。

半田氏は同紙の安全保障専門家として多くの著作を持ち、先島でも取材を重ねている。多くの皆さまのご参加をお待ちしております。

石川朋子　これより「戦後70年」連続企画２の講演会を開催します。では、当研究所所長の稲福より皆さまにご挨拶を申し上げます。

稲福日出夫　本日は「国境の島」沖縄が問うという講演会です。与那国町の島おこし、まちおこしという切実な課題、島民の夢が、自衛隊配備という形でしか描けない現実に直面すると、そういう社会構造、経済構造にしていったこの国の政治のありようもまた、問われているようにも感じます。この講演会が、この国の政治のあり方、沖縄本島及び先島の将来、未来を考える場になることを願って、主催者の挨拶といたします。

石川　講演会は前半に半田さんにご講演いただき、その後に野添所員よりコメントと質問を行い、後半は会場のご質問にお答えします。では、半田さんよろしくお願いします。

着々と進む自衛隊配備

半田滋　今日の報告は、今、先島諸島で進みつつある自衛隊配備のことについてです。まず、一番日本の西の端にある与那国島に沿岸監視部隊というのが２０１６年３月にできます。工事がどんどん進んでいて、３月には１５０人からなる部隊が産声を上げるということになっています。２番目に地対艦ミサイル部隊、地対空ミサイル部隊、そしてこの基地を守るための警備中隊、これらが宮古島にできる。15年5月に防衛副大臣が宮古島に来て、「こ

半田 滋（はんだ しげる）
東京新聞論説兼編集委員、独協大学非常勤講師
1955年栃木県生まれ。下野新聞社を経て、91年中日新聞社入社、東京新聞編集局社会部記者を経て、2007年8月より編集委員。11年1月より論説委員兼務。1993年防衛庁防衛研究所特別課程修了。92年より防衛庁（省）取材を担当。04年中国が東シナ海の日中中間線付近に建設を開始した春暁ガス田群をスクープした。
07年、東京新聞・中日新聞連載の「新防人考」で第13回平和・協同ジャーナリスト基金賞（大賞）を受賞。「日本は戦争をするのか－集団的自衛権と自衛隊」（岩波新書）、「集団的自衛権のトリックと安倍改憲」（高文研）、「改憲と国防」（共著、旬報社）、「『戦地』派遣　変わる自衛隊」（岩波新書、09年度日本ジャーナリスト会議賞受賞）など著書多数。

れから配備について進めます。よろしくお願いします」という話をしただけで、17年度の防衛費には用地の取得費などに１０８億円がもう計上されています。宮古島には先島諸島全体の地対空ミサイル部隊の司令部が置かれるので、７００人の陸上自衛官が入ることになります。３番目に石垣島です。宮古と同じ種類の部隊が来ることになります。これは15年５月に防衛副大臣が石垣で、11月からどこが一番の適地か探しますよ、という挨拶がありました。こちらはおおよそ６００人の陸上自衛隊が来ることになる。これらは島に住む人々にとってみると、突然降ってわいたような話ですが、防衛省・自衛隊側から見ると、実は、非常に長い時間をかけて練ってきた計画であると言えます。

北方重視から南方重視へ

自衛隊の役割は15年の安全保障法制の成立によって、集団的自衛権の行使、あるいは他国の軍隊への後方支援といったものまで広がりましたが、少なくとも自衛隊というのは専守防衛を建前として生まれた組織です。冷戦時代に日本は西側の一員として、ソ連が太平洋に侵出した場合の防波堤としての役割を果たしてきました。北海道にソ連が攻めてくることを想定して、陸上自衛隊の中にある15個の師団のうち４個師団が配備されて、陸上自衛隊のおおよそ３分の１に当たる５万人が北海道に集中して置かれていました。

2005年(平成17年)3月15日(火曜日)

石垣か宮古に陸自中隊

中国にらみ200人規模

防衛庁検討

＊１　半田氏取材による先島自衛隊配備の報道（東京新聞2005年３月15日朝刊）

＊２　防衛計画の大綱（防衛大綱）
概ね10年後までの中長期的視点で安全保障政策や防衛力の規模を定めた基本的指針。５年ごとに具体的な政策や装備調達について定めた中期防衛力整備計画が策定される。現在は国家安全保障会議を経て閣議決定される。

ところが1989年にベルリンの壁が崩壊して、91年にはソ連も消滅してしまった。陸上自衛隊にとって存在意義が問われる非常に難しい時代が長く続きました。その後、海軍力を強めて太平洋に進出する中国の存在、これが陸上自衛隊の向き合うべき相手となる、つまり北方重視の考えから南方重視、九州や沖縄に対して防衛力を強めていこう[*1]という考えに変わってくるわけです。2010年に「防衛計画の大綱[*2]」が見直されて、「南西防衛」「島嶼防衛」という二つの考えが出てきました。その後、安倍政権に変わり、13年に再び「防衛計画の大綱」が変わり、この二つの考えがより明確になる。その根拠は「防衛力のあり方として陸上自衛隊、自衛隊配備の空白地域となっている島嶼部への部隊配備により、島嶼部における防衛体制の充実強化を図る」としている。そして、中期防衛力整備計画についても、「沿岸監視部隊や初動を担任する警備部隊の新編制等により、南西地域の島嶼部の部隊の体制を強化する」とあります。

ただし、現在の海上自衛隊のコンセプトには「TGT三角海域[*3]」という東シナ海からグアム島まで、おにぎりのような三角形への関与があります。平時、すなわち戦争になる前の段階であっても、常に中国海軍の活動を監視し続けることに重要性があるということ。有事を重視する陸上自衛隊、平時を重視する海上自衛隊というのは、同じような夢を見ているけれども、実は違うのではないだろうか。

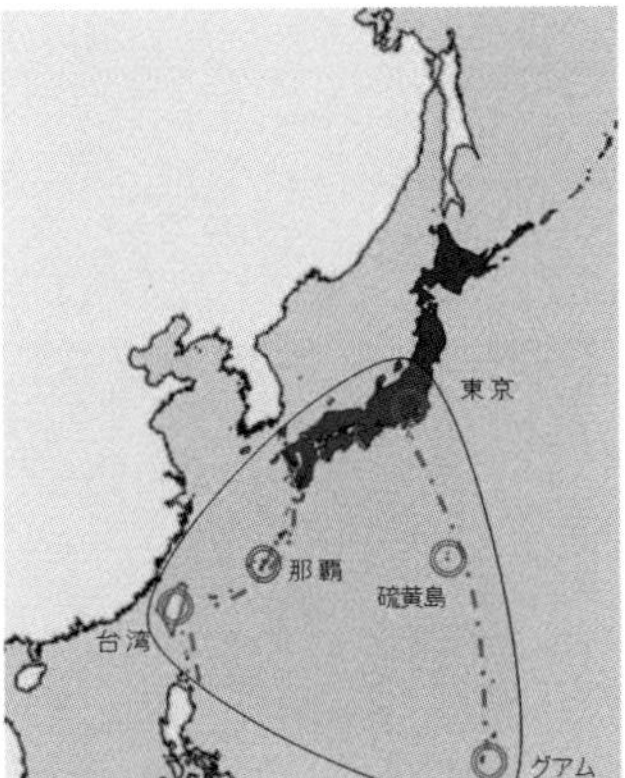

出典:「波涛」2008年11号

＊3　TGT三角海域
東京、グアム、台湾の頭文字をとって3点を結ぶ三角海域について、海上自衛隊が中国の動きを常に監視するという考え方。

住民への刷り込み

自衛隊が先島諸島に部隊を置くためにどんなことをやってきたか。一つは、まず与那国島への刷り込みでした。ここは毎年冬に与那国島一周マラソン大会を実施しています。05年ごろから自衛隊がこのマラソンを支援するようになりました。ランナーに飲み物を配り、終わった後にコンサートを開いて交流会をする。さらに翌日は防災演習にヘリコプターや自衛隊の車輌を持ってきて、子どもたちにも「どうぞ自由に乗ってください」と。迷彩服姿で親しい自衛隊を演出して、目を慣らすというようなことをずっと繰り返してきました。与那国島のほうから自衛隊を置いてくださいという陳情があったのは09年ですから、それ以前から、そのような働きかけが自衛隊側からあったということです。

さらにもう一つ。12年4月に北朝鮮が南西諸島の上空を通過するルートで、人工衛星を打ち上げると発表すると、ＰＡＣ３*4（地対空迎撃ミサイル）と隊員４５０名を石垣島に派遣します。16年2月、宮古島にはＰＡＣ３と隊員２００人を派遣し、通過ルートから大分離れた与那国島には隊員50名を派遣しました。陸上自衛隊は、民間の石垣港に入って、ＰＡＣ３や自衛隊の車輌を、住民に見えるような姿でわざわざ繁華街を通って展開地まで行くという、デモンストレーションのようなことをやっているわけです。さらにおかしなことには、石垣と宮古の間にある多良間島の上空も通過すると公表されていた

＊4　PAC3（パック・スリー）Patriot Advanced Capabirity 3
米国製の地対空ミサイル「パトリオット」を改良し、弾道ミサイルの迎撃に特化させた地対空誘導弾の通称。2007年に航空自衛隊が実戦配備を開始した。迎撃範囲は射高15～20km、射程20kmで、本来基地防衛用であり、広い範囲を守ることはできない。多くの専門家が、ミサイルの破片を打ち落とすことはできないと指摘している。

北朝鮮の「事実上の弾道ミサイル」に備えて宮古島に配備された自衛隊のPAC3（2016年2月7日）

にもかかわらず、多良間島には配備の計画はなく、そこに行ったのは陸上自衛官の２人だけだった。なるべく多くの住民がいる中心市街地で自衛隊の姿を見せる、頼りになる自衛隊というのを演出することが狙いだったのではないかと疑わざるを得ないのです。

既成事実化を急ぐ

防衛省には、住民の気持ちが変わらないうちに素早く部隊を配備しようという狙いがあります。学習したのは、普天間飛行場の辺野古移設問題からです。かつて稲嶺恵一知事、岸本健男名護市長が、条件付きではありながら一度は辺野古移設を認めた。その後、仲井真知事も公有水面の埋め立てを許可した。そこで辺野古移設を進めようとしたのに、現在の翁長雄志知事、稲嶺進名護市長が反対だと言い出した。

01年に伊良部町が下地島空港[*5]に自衛隊の訓練を誘致しようとしたが、沖縄本島からフィリピンへ訓練に向かう海兵隊のヘリコプターが何回も来るようになりました。05年に、改めて伊良部町が自衛隊を誘致しようとしたところ、島民の強い反対を受けて撤回せざるを得なくなった。このようなことも防衛省は学習しているわけです。防衛省・自衛隊はとにかく島が賛成と言ったときには素早くやるんだ、考える暇を与えないでやるんだ、既成事実化を急ぐ、ということを学習してきたと思います。また、今回、宮古島市、石垣市とも自民党、公明党の推薦を受けた人が市長をしている。さらに、両市議会

＊5　下地島空港
宮古島市下地島（旧伊良部町）にある沖縄県管理の空港。3000mの滑走路があり、1979年から大型航空機の離着陸訓練場として利用されてきたが、2011年に日本航空、14年に全日空が訓練を終了した。1980～94年には那覇空港との間で定期便も就航していた。今後の活用について模索が続いている。

とも保守系が非常に多い。まさに、今の機会を逃す手はないという考えが防衛省・自衛隊にはあるのです。

与那国島の現状

それでは、それぞれの島の様子について見ていきます。まず、与那国島。05年から防衛省・自衛隊がマラソン支援や災害救援のために来るようになりました。08年には与那国防衛協会が設立されます。そして514人分の自衛隊誘致決議をもって町に陳情し、与那国町議会は、これを賛成多数で受け入れました。

与那国島は、かつては台湾との間の貿易で栄えた。ところが敗戦後、米軍が国境警備を厳しくすると、島と台湾の行き来ができなくなって島が衰退していきました。与那国町長は、05年と06年の2回にわたって、台湾との交流を進めるための国境交流特区というものを認めてもらおうと、日本政府に申請しましたが、これを政府は「例外は認めない」と門前払いした。

自衛隊配備について外間守吉町長に言わせると「私は実は何でもいいんです。自衛隊じゃなくてもいいけれども、他に方法がない」となる。そこで自衛隊による島おこしというものが出てくるわけですね。折しも防衛協会からの陳情があり、これに乗る形で09年に外間町長は上京して、防衛大臣に対して陸上自衛隊を誘致したいと。

与那国島は、周りを断崖に囲まれ、車で一周するのに1時間もかからない非常に狭い島です。島の地形や中国に近いという地勢上から、沿岸監視部隊が置かれることになりました。この部隊は領空侵犯をしてくるような外国の航空機を見張るためのレーダーを持つ。このレーダーで近くの海を通る艦船も、沖縄に近づいてくる艦船の動向も見ることができる。いわば日本の最西端の監視所になったということなのです。報道されているのはここまでです。

実際には非常に重要な役割を今度、持たされることになる。それは中国軍内部の無線通信を傍受することです。これらの施設は通信所と呼ばれている。読谷村にあった「象のオリ」[*6]が、今は移転して金武町のキャンプ・ハンセンの中にあります。あれと同じものが、北海道の東千歳と鳥取県の美保などにもあります。数年前に喜界島にも「象のオリ」ができ、かなり体制が整っている。傍受する相手国はロシア、北朝鮮、中国の3カ国です。この役割を今度、与那国島にも与えようというのです。

町長は誘致をしましたが、住民の強い反対運動もありました。15年2月に住民投票が行われて、賛成632票、反対445票で、賛成が反対を上回った。この投票が行われたのは防衛省が工事を始めた10ケ月後でもあるので、既成事実化を急いだ効果がここにもあらわれたと言えると思います。反対派の住民は、同年6月、工事差し止めの仮処分を那覇地裁石垣支部に出しましたが、同年12月に却下されました。住民が即時抗告をし

＊6 象のオリ
巨大な円形ケージ型アンテナの通信傍受施設の通称。沖縄では読谷村にあったのは米軍楚辺通信所が「象のオリ」と呼ばれた。1995年に一部地主が契約を拒否し、大田昌秀知事が代理署名を拒否したため96年から不法占拠状態となった。97年に米軍用地特別措置法が改正され、不法占拠が解消された。移転によって2006年に返還され、07年に解体・撤去された。

機能移転が終わり解体撤去前の「象のオリ」(2004年12月撮影)

て、法廷闘争が続いているという現状です。外間町長は町議会で「私は中国の脅威とか抑止力については一言も言っていない。常に経済優先」と述べている。

防衛省・自衛隊が島に来るとどんないいことがあるのか。まだ国会を通っていませんが、17年度の防衛費の基地周辺対策経費は合計で１２０９億円。内訳は住宅防音費用として４１０億円。そのほかに周辺環境整備が７９９億円。自衛隊の基地や駐屯地があることによって、近隣の住民に迷惑をかけているということで、環境整備法を根拠にして、これらの巨額の経費が、基地がある市町村に支払われる。これは道路や体育館やごみ焼却場や消防車にまで使われている。地方自治体が自前で揃えなければいけないようなものに対しても自由に使えるお金です。さらに14年の改正によりソフトにまで使えることになった。小学生以下の医療費にも使える。このような形でたくさんのお金が基地周辺自治体にばらまかれるようになっている。

では、与那国で反対している住民の危惧にはどんなことがあるでしょうか。まず、現在計画されている沿岸監視部隊は１５０人、家族が50人で２００人が自衛隊関係者になります。現在、島の人口は２０００人弱で、有権者の数がおおよそ１１００人しかいない。そこに新しい有権者が２００人入ってくるわけです。現在、町議会の定数は6ですが、地元の方に聞くと、自衛隊関係だけでうまく割り振れば、２人当選させることができる。町長選など47票という僅差で勝敗が分かれるような選挙であれば、もう一度と自衛隊に反対するような町長は当選できないことになる。すなわち、地方自治が防衛省・自衛隊の意向によって左右されるということが出てくる。次に、太平洋戦争の記憶です。与那国島では戦死した日本兵は1人でしたが、島民は38人が被害に遭った。また無理な強制疎開によって戦争マラリア*7で366人の方が命を失った。住民が犠牲になるのではないかという懸念があります。3つ目の心配は、今回、強い電磁波を出すレーダーが標高わずか56mという小高い丘に置かれ、目の前にある久部良集落の小中学校や幼稚園の子どもたちに電磁波が当たる恐れが出てきている。人体実験を行うようなことだと反対の声を上げています。

宮古島の現状

次に、宮古島です。非常に短兵急に話が進んでいます。15年5月に話があったにもかかわらず、島の北東部にある大福牧場にミサイル実戦部隊が置かれることになった。さらに、比較的市街地に近い千代田カントリークラブに官舎が置かれることがほぼ決まりました。宮古島は飲み水や農業用水、工業用水全て地下水に頼っていますが、この地下水の水源地はまさに大福牧場にあります。地元の懸念に対して防衛省・自衛隊は、A4判の紙4枚を市役所に出しただけです。その内容は、ここには防衛基盤がない。他国から攻められたときに守るための部隊がない。さらに、災害に対する備えも弱い、という

＊7　戦争マラリア
沖縄戦で八重山地域では住民がマラリア罹災地に強制移住させられ、3000人以上が亡くなった。遺族が国家補償を求め、1989年から運動を展開したが、補償は実現せず、96年に慰藉事業が実施された。

陸上自衛隊沿岸監視部隊設置に向けて急ピッチで工事が進む与那国町の駐屯地(2016年2月撮影)

ことだけです。住民が不安に思っている「飲み水は大丈夫ですか」「なぜこの土地を買ったんですか」「かつての太平洋戦争のように、住民が被害に遭うことはありませんか」というような疑問に対しては、一切答えていない。にもかかわらず、来年度の予算が計上されるという今になってさえ、防衛省側からの地元説明会というのは一度も開かれていない。市長は「説明は国がやるべきである」という態度に終始しています。

石垣島の現状

最後に、石垣島です。石垣島については、まだ具体化していませんが、15年、市会議員が、その候補予定地を情報公開請求したところおおよそ7カ所程度の候補地があるということがわかりました。その翌月に防衛副大臣がやってきました。先に説明した通り、石垣島にはＰＡＣ3が二度ほど展開されるなど、地ならしが着々と進んでいる。中山義隆石垣市長は「市議会や市民に話をしながら判断をしたい」と言っていますが、15年7月、安全保障関連法について国会審議が行われているさなかに、この法案に賛成する立場として、国会で参考人として「国境離島の住民の安全確保のため、しっかり対応してほしい」と発言している。同年9月に中山市長は日本記者クラブで講演し、尖閣をめぐる問題で「現実的な脅威が高まっている。的確な対応のためには、自衛隊の配備も必要だと思う」と明言している。恐らく防衛省・自衛隊の方針には反対しないのではないか。

石垣市平得の陸上自衛隊の配置先候補とされた一帯（2015年11月撮影）

住民説明会を求める声があるにもかかわらず、その声を一切無視し、今日に至っているということです。

政府はドミノ倒しで進める

まとめますが、これらの地域に共通して言えることは、防衛省や防衛協会といった国家組織や大きな団体が上から俯瞰して、全体をよく見渡しているということです。そして、着々と計画をドミノ倒しのように巧妙に進めていると言えるでしょう。他方、特に先島の例で言えば、それぞれの島で懸念する住民がいるにもかかわらず、横の連携がとれていない。分断されて小さな反対運動に留まっていることによって、東京などで大きく報道されることがほとんどないという特徴があります。したがって、国、防衛協会が強い力で進めるのに対して、住民の皆さんはそれぞれが小さくて弱い声を上げるしかない。このまま行けば、今、政府が考えているとおり自衛隊配備が進んでいく可能性は非常に高いと言わざるを得ない。

逆に国側から言えば、基地の安定的使用という点からも、住民理解が一切深まらないまま自衛隊が配備されると、住民も自衛官もみんな不幸な関係になりはしませんか、と思います。見方を変えれば、現在、混迷を極めている普天間飛行場の辺野古移設の問題から何も学んでいないと言える。

石垣市への陸上自衛隊配備を中山義隆市長に正式に打診する若宮健嗣防衛副大臣（2015年11月26日、石垣市役所）

コメンテーターからのコメントと質問

先島の自衛隊配備を鋭く暴く

野添文彬

野添文彬　半田さんの報告は、先島への自衛隊配備について日本政府が前のめりにやっている問題点を鋭く暴いた点に意義があったと思います。個人的には二つの点が非常に興味深いと感じました。一つは、政府と住民との間に、認識のずれがあるのではないかということです。政府は南西防衛を重視しているのに対して、住民は島おこしということを重視している、と。十分な理解が住民の間にないままに防衛省が配備を進めてしまっているということです。もう一つは、陸上自衛隊と海上自衛隊との間にも認識のずれがあるのではないかという指摘です。

続きまして3点ほど質問させていただきたい。1点目は、先島への自衛隊配備とアメリカの対中戦略とのかかわりです。

昨年アンドリュー・F・クレピネビッチ氏が、「列島線防衛戦略」を発表しました。彼は「エアシーバトル構想」を掲げた人です。今度の戦略は、中国のミサイル能力に対して、中国沿岸の同盟国の陸上部隊を強化することで、中国を抑えるということです。つまり、先島への自衛隊配備も、日本の自衛隊にアメリカの肩代わりをさせるということとではないか、あるいは自衛隊がどんどん先島に配備されていった後、米軍もその基地を使おうとしているのではないかと想像できるわけですが、この辺のことについて教えていただきたい。

2点目は、半田さんは批判的に自衛隊のことを論じられたが、代替策としての国境防衛のあり方があったら教えていただきたい。15年の新ガイドライン[*8]では、日本の防衛は、日本が主体的に防衛して米軍はそれを支援するということが明記されています。この線でいくと当然、日本が尖閣を含めた防衛をやらないといけない。そうすると、当然、周辺諸国から警戒心も持たれるし、いざというときは住民を戦争に巻き込むかもしれない。そういう問題を抱えつつも、どのような代替策が考えられるのか教えていただければと思います。

3点目は、自衛隊の沖縄戦に対する認識、その清算をどう考えているのかということについて。沖縄では住民を巻き込んだ悲惨な戦闘が繰り広げられた。こういう過去の戦争の清算なしに自衛隊を配備していくことは地元の人々に不安を与えかねない。自衛隊はどう考えているのか。

自衛隊配備と米軍戦略について

半田　先島配備が、アメリカ軍の戦略を利するものではないかという指摘がありました。これは結果的には、確かにそうなると言えると思います。ただ、エアシーバトルはアメ

＊8　新ガイドライン
日本の自衛隊と米軍の役割を定めた「日米防衛協力の指針」をガイドラインと呼んでいる。79年に初めて制定され、当初は日本有事の際の役割分担を定めていた。97年の改定で日本周辺有事に拡大され、2015年、18年ぶりの大幅改定が合意された。

リカの14年のＱＤＲ（４年ごとの国防計画見直し）に初めて登場した言葉ですが、オバマ政権はこれを正式な戦略として認めていませんので、確定した戦略に基づかないものに対して自衛隊が協力するようなことはありません。ただ、アメリカはアルフレッド・マハン[*9]の時代から、日本列島、沖縄、台湾、そしてグアムまでがアメリカの利益線であると言っています。中国のいう第1列島線と重なります。つまりアメリカ海軍は、ほぼ太平洋全域を自国の圏域として見ているので自衛隊が第1列島線のところで中国海軍の侵出を食い止めてくれれば、それに越したことはないと考えているでしょう。特に海上自衛隊がＴＧＴ三角海域を常に監視するというのは、自衛隊の中でも一番密接に米軍とつながっている海上自衛隊ならではの考えであろうということです。先島配備は結果的にアメリカの戦略にプラスになっていくということだと思います。

国境防衛の代替案について

国境防衛の代替案として、一つは当たり前ですが、外交が非常に重要になるでしょう。しかしながら外交だけで決着するものではない。やはり国防力というものが同時に絡まっていかないと十分な備えとは言えないと思っています。ただし今回のように、ほとんど島伝いに自衛隊を配備する必然性があるだろうかという疑問があります。なぜ石垣にも、宮古にも置くのか。ちゃんと防衛省・自衛隊が住民に説明をするところから始

＊9　アルフレッド・セイヤー・マハン
(Alfred Thayer Mahan,1840－1914)

アメリカ海軍の軍人、歴史家、戦略研究家。海洋国家の地政学的な政策を研究。海の支配確立を提唱し、海軍と商船隊を重視した。

めた上で、理解とか賛成とか反対というのが出なければいけないのに、一気に既成事実から始めるというのがおかしい。

もう一つ申し上げたいのは、13年から始まっている現行の「防衛計画の大綱」は、陸上自衛隊の中に海兵隊と同じような水陸機動団を置くことを決め、3年後には発足するということです。現在、長崎県の佐世保市に置かれている西部方面普通科連隊を3000人に増やした上に、将来的には強襲揚陸艦やオスプレイを自衛隊が持つわけです。沖縄の海兵隊と同じ機能を自衛隊が持つということです。沖縄本島に海兵隊がいる必要がないような組織ができて、さらに離島を自衛隊が固めるのであれば、もはや海兵隊の存在意義はないんじゃないかということです。この論点も重要だと考えています。

沖縄戦に対する認識について

次に、防衛省・自衛隊として沖縄戦をこう総括しています、ということはありません。ただ、住民を巻き添えにするのはよくないとそれぞれの自衛官が考えているのは間違いない。政府としては、自治体の責任で住民を退避させるための計画をつくりなさいと命じているが、与那国町のようにそのような指示がないところもある。巻き添えにしたくないという個人的な思いの集約が、国の政策として実施されていくか否かは、また別の話であろうと思います。

与那国町での自衛隊基地建設に反対する横断幕(2016年2月撮影)

会場からの質問に答える

パワーバランスのなかでの南西防衛について

半田　一つの中国を主張する中国と、現状維持が好ましいと考える台湾との間で、意見が交わることは少ない。１９９６年に台湾総統選挙がありました。このときに独立派と言われている李登輝の当選を阻止しようと、中国軍が台湾と与那国島の間の海域に向かってミサイルを繰り返し発射するという訓練を行いました。これに対してアメリカが、当時、横須賀に置かれていた空母キティホークと、もう一隻の原子力空母を台湾沖に派遣して威圧し、その訓練をやめさせるということがありました。このときの記憶が与那国島の住民にあり、それが万一のときには、自衛隊にいてもらったほうがいいと思うきっかけの一つになっています。

中国にとっては、このときの悔しい思いが、海軍増強の動機になったわけです。アメリカは中国や台湾の関係に口出しするなという戦略です。さらに、自分たちの権益エリアを広げようとしているわけですね。他方、アメリカには、太平洋を自国の領域とするという伝統的な国家戦略がある。さらには太平洋戦争が終わった後に台湾との間で台湾関係法[*10]を結んだ。もし中国と台湾が戦争を起こしたときには、アメリカも参戦しての本格的な戦争になるだろうと考えるのが自然でしょう。日本としても、もし台湾有事があった場合に、どのような被害が出て、どのように自衛隊が動くのかというのは、ある程度

＊10　台湾関係法
台湾に関する米国の政策の基本を定めた米国の法律。戦後、米国と台湾（中華民国）間で米華相互防衛条約を結んでいたが、1979年に米国が中国と国交を樹立し、台湾とは外交関係を断絶した。そのため、台湾関係法によって軍事同盟を維持し、武器の供与なども行っている。

の想定はしているし、準備もしているはずです。中台の有事には先島は無事ではあり得ないということです。それがまさに南西防衛、島嶼防衛に重なってくるわけですね。今回のまんべんなく部隊を置いていこうという動きは、ある意味、防衛省・自衛隊のコンセプトに合っているということが言える。

では、本当に中国とアメリカが戦争をするのかというと、これはまた、別な話です。現在、アメリカは中国が最大の貿易相手国であり、対中貿易はずっと赤字であります。この貿易の不均衡は小さくなることはない。中国は得たドルを外貨として持っている。中国は日本に次いでアメリカ国債をおおよそ１００兆円以上を持っている。中国とアメリカの関係がおかしくなると、当然持っているドルが暴落をする。お互いが不利益になるということを考えていくと、そう簡単に事を構えるということはないだろうと思います。

辺野古の自衛隊基地への転用について

半田 民主党政権の鳩山内閣の頃、普天間基地の国外、県外移設を撤回して、やはり辺野古だということになりました。あの時に日本政府側からアメリカ側にキャンプ・シュワブを共同使用したいという提案を、実はしているんです。これに対してアメリカ側からの回答は、もし自衛隊が入るのであれば、自衛隊が占めてしまう土地と建物の分をそれだけ造ってよこせと言ってきた。

キャンプ・シュワブにいる第4海兵連隊は、グアムに移転することが決まっています。だとすると、あそこに誰が入るのかということになる。例えば日本の共同使用が考えられます。自衛隊が使いたければ共同使用でいいですよと。自衛隊がいるところに米軍が後から入るというのはほとんどないが、その逆はある。米軍基地ができた後に自衛隊が入っていくというのは、まさに辺野古の構図として想像は十分できるのではないだろうかと思います。

自衛隊配備に関する声について

半田　宮古島市の自衛隊配備促進協議会の考え方はこうです。宮古島の人口はかつて8万人を超えていたが、今では5万4000人。農業では飯が食えず、観光客も石垣島の半分でしかない。自衛隊は地域の活性化につながる。国の資金を使って地域振興を図ることもできる、と。これは与那国の外間町長が言っていることとほとんど同じです。

石垣島では八重山防衛協会の三木巌会長が、賛成の理由として「中国は尖閣をとるだけでは済まない。次には先島諸島となる。自衛隊を置いて戸締まりをしっかりすることが大事だ。私は海上幕僚長には、石垣にミサイル艇を置けと言っている。中国に軍事的プレゼンスを示す必要がある」と述べている。彼の場合は、安全保障上の理由を最初に挙げています。それに反対する石垣市職員労働組合の新盛克典委員長は「中国が尖閣や先島をとると言われても実感がわかない。竹富島、西表島など、魅力ある離島を抱え、本土や台湾からの観光客で地域経済は潤っている。自衛隊配備は観光にはマイナスになる」と言っているわけです。
もう一つ、石垣・九条の会の新垣重雄事務局長は、「太平洋戦争の際に旧日本軍が防衛名目で、石垣島や竹富島や与那国島に駐留した。住民をみんなジャングルに押し込んだ結果、多くの住民がマラリアにかかって、およそ3600人が亡くなった。そして何の補償もないまま今日に至っている」という。「戦争が終わって戻ってきたら、住民たちの農耕に必要な牛や馬がみんな食べられていた。マラリアの特効薬のキニーネもあった」と。そして「自衛隊は永遠に居座る」と言っている。

「国境の島」から考える

石川　最後に、沖縄の未来を「国境の島」という観点から一言お願いします。

野添　今の東アジアの国際情勢を見ますと、アメリカ、日本、そして中国の関心が、この沖縄列島、琉球列島に注がれているということは間違いないと思います。それが米軍基地の集中とイコールではないというのは強調しておかなければいけないわけですが、こういった日米中のパワーバランスの中に沖縄が置かれていて、今後ますます、翻弄されていく可能性がある。そういった中で沖縄にいる人々としては、沖縄戦の経験ということも踏まえつつ、ここが安全保障の最前線、現場として沖縄ならではのリアリズムというものを持ちながら国

石垣市役所を包囲して自衛隊配備に反対を訴える市民（2016年3月10日）

際情勢を見ていく必要があるのではないかと考えています。よく東京の人々が沖縄の人は安全保障がわかっていないとか、感情的な議論だとか言いますが、私は決してそうではないと。沖縄には沖縄のリアリズムというのがあると。そこから新しい地域秩序構想であるとか、安全保障構想というものも立ち上げていく必要があるのではないかと思います。

そういった沖縄から東アジアを見ていくときに大事なのは、奄美とか、先島等を含めた琉球弧という幅広い視点でこの地域を見ていく必要があるということで先島には先島のいろんな問題があるわけです。漂流ごみであるとか、過疎化であるとか、そういったことに本島にいる人々も目を向けつつ、この地域のことを考えていく必要があるのではないかと考えています。

半田　今回、本土から呼んでいただいて、先島のことを語るような資格があるんだろうかと考えていました。でも先島はやはり沖縄の中の重要な地域だし、また日本の中の沖縄であり、その中の離島であるわけで、そこには人々が暮らしております。この日本は本当に国民のこと、本当の意味での日本の安全について考えているんだろうかと、疑問に思います。特に去年の安全保障関連法の議論の頃から強く疑うようになりました。安全保障を大義名分にすれば、何でもあり、でいいはずがありません。住民の自治や平和を願う思いを、「国の都合」で押し切るやり方は辺野古新基地問題と全く一緒です。

今回は先島への自衛隊配備問題という各論を話しましたが、各論を深めることによっ

航空自衛隊第9航空団の新編記念式典（2016年1月31日）

てむしろ総論のほうを見直していかなければならないという思いを強くしているところです。皆さんも、今後とも本土とともに、一緒にこの沖縄の問題、日本の問題を考えていっていただければと思います。

石川　これで講演会を閉じます。最後に潮平編集局長よりご挨拶をお願いします。

潮平芳和　納税者の意思、主権者の意思などお構いなしに自衛隊配備が既成事実化されているということの意味を頭の中でずっと思いめぐらせながら、本日の議論を聞いておりました。単に基地という施設を造るだけではなくて、選挙にも影響を及ぼし、地方自治のあり方も左右するということで、そういう観点からすると、単に宮古、八重山、与那国の問題ではなくて、まさに沖縄の行く末にもかかわるような重大な事態が進んでいるということをあらためて認識しました。

沖縄県は、21世紀ビジョンでアジアと日本の架け橋にと言っているわけです。日本政府がやろうとしている軍事至上主義的なやり方ではなくて、国際協調主義的なやり方で沖縄は地域づくりを進めていこうとしています。今、先島地域で、県民の意思と違うようなことが行われつつある。沖縄のメディアは、二度と戦争を沖縄で起こしてはならない、戦争の犠牲にならないという思いでやっています。引き続き、多角的な報道を通じて、しっかり情報を提供し、警鐘を鳴らしていきたいと思っています。

III

「観光の島」沖縄が問う

―観光の未来を考える―

講師
平良　朝敬（(財)沖縄観光コンベンションビューロー 会長）

コメンテーター
伊達竜太郎（沖縄国際大学沖縄法政研究所所員、同大法学部講師）

沖縄国際大学にて、2016年2月20日に開催された講演会（連続企画3）

特区と観光　相乗効果期待

伊達竜太郎（沖縄国際大学法学部講師）

自立経済構築の鍵

グローバル経済が進展している昨今、沖縄経済を支える県民の皆さまも、沖縄経済の動向に積極的に関心を持つべき状況に置かれている。「自立型経済の構築」とは、沖縄県では頻繁に聞くキーワードであるが、どのようにすれば、その目的を達成できるのであろうか。

沖縄経済のリーディング産業の一つは観光業であり、近年は、円安の影響から海外よりも沖縄旅行を選択する人が増えたこと、ＬＣＣ（格安航空会社）や海外路線の相次ぐ就航による外国人観光客の増加などにより、沖縄県への入域観光客は大幅に増加している。

沖縄県入域観光客統計概況によると、２０１１年度の沖縄県への入域観光客数５５３万人が、13年度は６５８万人となり、そして15年（1～12月）には７７６万３千人と過去最高を更新しており、前年比10・0％の増加となっている。3年連続で、国内客・国外客ともに過去最高を更新しており、外国客は初の１５０万人台を突破した。

なお、沖縄経済を牽引している産業は、「沖縄経済特区」と関連が深いことも指摘できる。観光業に次ぐ産業としては、情報通信関連産業が挙げられ、近年注目されている物流ハブ構想も存在する。これらは、全て沖縄経済特区に指定されている産業である。

また、沖縄県には、観光業に関連する「観光特区」が3種類用意されており、①観光地形成促進地域制度、②経済金融活性化特別地区、③国際観光イノベーション特区―がある。

ただし、沖縄県において、観光業、特にホテル業界は、他の経済特区の産業とは異なり、積極的な「企業誘致」をしなくても、外資系企業などの参入が相次いでいる。最近では、「シェラトン沖縄サンマリーナリゾート」や「ダブルツリーｂｙヒルトン那覇首里城」を開業する動向が挙げられよう。

沖縄国際大学沖縄法政研究所は、沖縄観光コンベンションビューローの平良朝敬会長を招いて、講演会「『観光の島』沖縄が問う―観光の未来を考える―」を2月20日（土）午後2時～4時に開催する。沖縄観光の現状と課題を含めて講演していただく。幅広く県民の皆さまと「沖縄の未来を考える」機会にしたい。

今講演会は、「戦後70年」連続企画「沖縄の未来を考える」の最終回。多くの皆さまのご参加をお待ちしています。

石川朋子　これより連続企画、最終回の講演会を開催します。はじめに琉球新報の潮平編集局長よりご挨拶をお願いします。

潮平芳和　こんにちは。12月、1月と開催してきました「戦後70年」連続企画の最終回の今日は「観光」がテーマです。「観光の島」沖縄が問うということは、とりもなおさず沖縄の平和をどう展望するのかということにほかならないと思います。昨今の日本の政治家、メディアも含めて、どうも脅威をあおって、それにいかに備えるかという、軍事的な発想に陥りがちです。そのような脅威をあおるということではなく、東シナ、太平洋の海を平和友好の海とする発想をもつことが、私達の役割なのではないかと、思います。今日の講演会でもいろんな知恵を授かって役立てていきたいと思います。

石川　どうもありがとうございました。本日の講演会は、前回同様、前半は平良OCVB会長のご講演と伊達所員からのコメントと質問、後半は会場からのご質問にお答えするという形で進めていきます。では平良会長よろしくお願いします。

母の想い、覚悟を決める

平良朝敬　ハイサイ、グスーヨー、チューウガナビラ。本日は戦後70年連続企画「沖縄の未来を考える」のラストということで大変光栄に思っています。

平良朝敬（たいら　ちょうけい）
一般財団法人沖縄観光コンベンションビューロー（OCVB）会長
1954年具志川市（現うるま市）生まれ。両親が62年に開業した観光ホテル沖乃島（客室14）に75年入社、91年に社長就任。2010年かりゆしグループCEO（最高経営責任者）就任。15年より現職。08年に沖縄県経営者協会副会長、14年沖縄県ホテル協会設立、会長に就任。
03年沖縄県観光功労賞受賞（最年少受賞）、07年内閣府沖縄総合事務局長表彰受賞（観光部門）、ふるさと企業大賞総務大臣表彰（沖縄県企業初）、11年国土交通相大臣表彰（観光功労賞）など。

私が２０１４年の１月８日の名護市長選挙の際に、現在の稲嶺市長の総決起大会で「観光は平和産業である」と応援演説をしたら翌日の新聞に載りました。母が見て、「お前、何を考えているんだ。商売人があんなところに出てどうするんだ」と、かなり怒られました。その時、私の思いを伝えました。「これで本当に沖縄はいいのか。観光が平和産業である以上、基地はない方がいい。今、それを言える一番の時期なんだ」と母に言いましたら、「お前の気持ちはわかった」と言って、母が「あなたがみんなの前で誓った以上は、私のことをちょっと見せよう」と、自分で綴ったアルバムを持ってきました。

アルバムには「月日が流れて40年　想い出のアルバム」「石川市の収容所で衣服をかわかしている人びと　１９４５年７月　戦後私は16才　此々に住んで居りました」「石川市から軍作業へ泡瀬の海兵隊　昼は軍作業、６時後は野菜売り　父は戦争で死亡　母は病気　弟、妹達の世話」とメモ書きがありました。私が60歳になるまで一度もみたことのないアルバムです。母は何故これまでアルバムを見せてくれなかったのか。ずっと見せるつもりはなかったそうです。

沖縄の１９４０年から５年間の人口減少のうち、沖縄戦の犠牲者数を引くと約12万人が不明となります。この12万人は、疎開、移民、自然死、この３つで片づけられています。これが沖縄の戦後です。戦後処理が本当に終わったのか、非常に疑問に感じる数字です。

嘉手苅林昌さんの歌に「唐ぬ世から大和ぬ世　大和ぬ世からアメリカ世　ひるまさ変

＊1　「辺野古移設が普天間の危険性除去に一番早い」と話す自民党の石破茂幹事長（左端）と、辺野古移設容認に転じた沖縄の自民党国会議員5氏＝2013年11月25日午前、東京都内の自民党本部（琉球新報2013年11月26日）

わたる　くぬ沖縄」というのがあります。それから佐渡山豊さんも、「アメリカ世から　また大和ぬ世　ひるまさ変わいる　くぬ沖縄」と詠んでいます。私が14年の8月に詠んだ歌は、「大和世から　沖縄世　たくましく変わいる　くぬ沖縄」です。「日本の世から沖縄の世にしていきたい。たくましく変わっていくこの沖縄にしたい」という意味です。この歌に誓いながら頑張りたいと思っています。

２０１３年1月28日にオスプレイ配備の撤回と普天間基地の閉鎖要求・県内移設断念を求めて「建白書」が安倍総理に提出されました。11月25日、自民党本部で、辺野古移設反対を公約にして当選した沖縄選出国会議員が、石破茂幹事長と会談し[*1]辺野古移設に転じました。いわゆる「21世紀の琉球処分」です。その直後の12月25日、安倍総理との会談後[*2]、仲井真知事が「これは良い正月になるなぁというのが私の実感です」と発言したことが報道されました。そして2日後、仲井真知事が会見で辺野古埋め立てを承認[*3]しました。そこで私の腹は決まり、翌年1月に登壇し発言したわけです。

脱基地経済が沖縄を成長させる

そもそも米軍基地は、終戦後、県民が収容所に入れられ、銃剣とブルドー

＊3　知事の辺野古埋め立て承認を報じる号外（琉球新報2013年12月27日）

号外　琉球新報　THE RYUKYU SHIMPO
2013年12月27日（金）
辺野古埋め立て承認
「環境基準に適合」
知事会見　辞任言及せず
振興策を評価

＊2　沖縄県の仲井真弘多知事（右）との会談中、深々と頭を下げる安倍首相＝2013年12月25日午後、首相官邸（琉球新報2013年12月26日）

ザーで強制接収してできたものです。その後、接収した土地を強制的に買い上げるプライス勧告が出され、それに対して島ぐるみで抵抗しました。１９５６年のあの島ぐるみ闘争がなければ、我々の手に土地が残っていないということです。先人たちの勇気と行動に感謝をしています。

私はこれまで「米軍基地は沖縄経済の阻害要因だ」と言ってきました。図１をご覧ください。１９７２年度の軍関係受取いわゆる基地収入は県民総所得（５０１３億円）の15・５％を占めていました。しかし２０１３年度は、４兆１２１１億円の県民総所得に対して、約２０００億円が軍関係受取になっています。そうすると基地収入は5.1％です。沖縄は基地収入に依存しているわけではないことがわかります。

図２は基地返還後の経済効果をまとめた琉球新報の特集記事です。

例えば北谷桑江・北前地区の活動による経済波及効果の生産誘発額は１１０培に上がっています。これは土地代ですよ。雇用効果も１３５培になっています。図２でわかるように、他の地域も変換後の経済効果は上がっています。

北中城村のライカムは、返還前はゴルフ場でした。ゴルフ場で働いていたのは38人です。ここでプレイする方は、約１年間で１万８０００人ぐらいです。イオンの発表によると、雇用数３０００人、集客数の目標は１２００万人で、

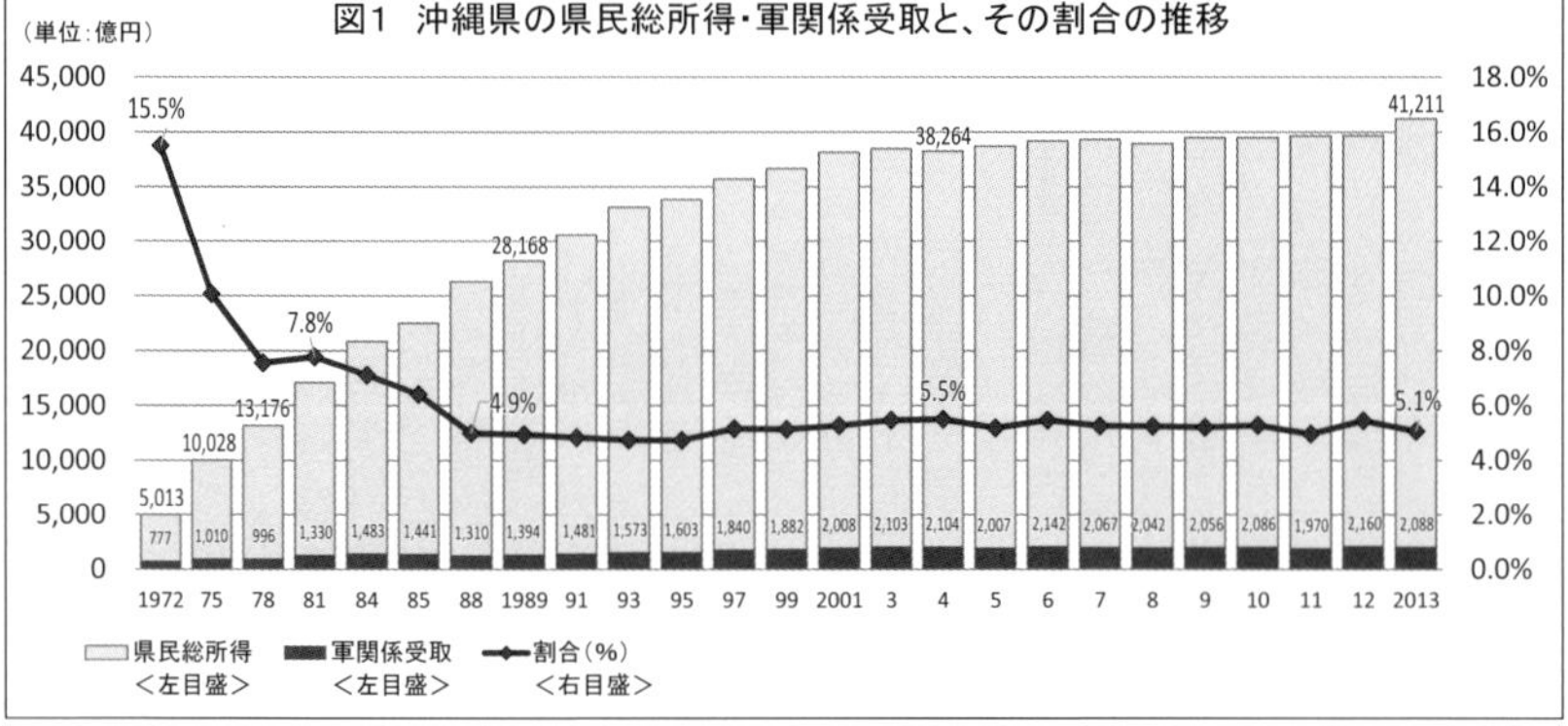

『沖縄の米軍及び自衛隊基地（統計資料集）』（平成28年3月）を基に株式会社かりゆし未来企画室作成

約1400万人は来るだろうとのことでした。ということは、雇用で79倍、利用集客、人が通うという意味では667倍の地域になったということです。今後、返還予定の5施設、キャンプ桑江、キャンプ瑞慶覧、普天間飛行場、牧港補給地区、そして那覇軍港。これを全部合わせると8900億円、現在比18倍の経済効果があると試算されています。

沖縄は国から貰いすぎではない

国からの財政移転額は、一人当たりでも総額でも、一度も全国1位になったことはありません（図3）。沖縄振興予算に対して「お前ら貰い過ぎだろう」という発言があります。沖振興予算のなかには学校耐震化を含む公共事業費や那覇空

図2　「脱基地へ　沖縄経済の挑戦」（琉球新報2015年5月16日）

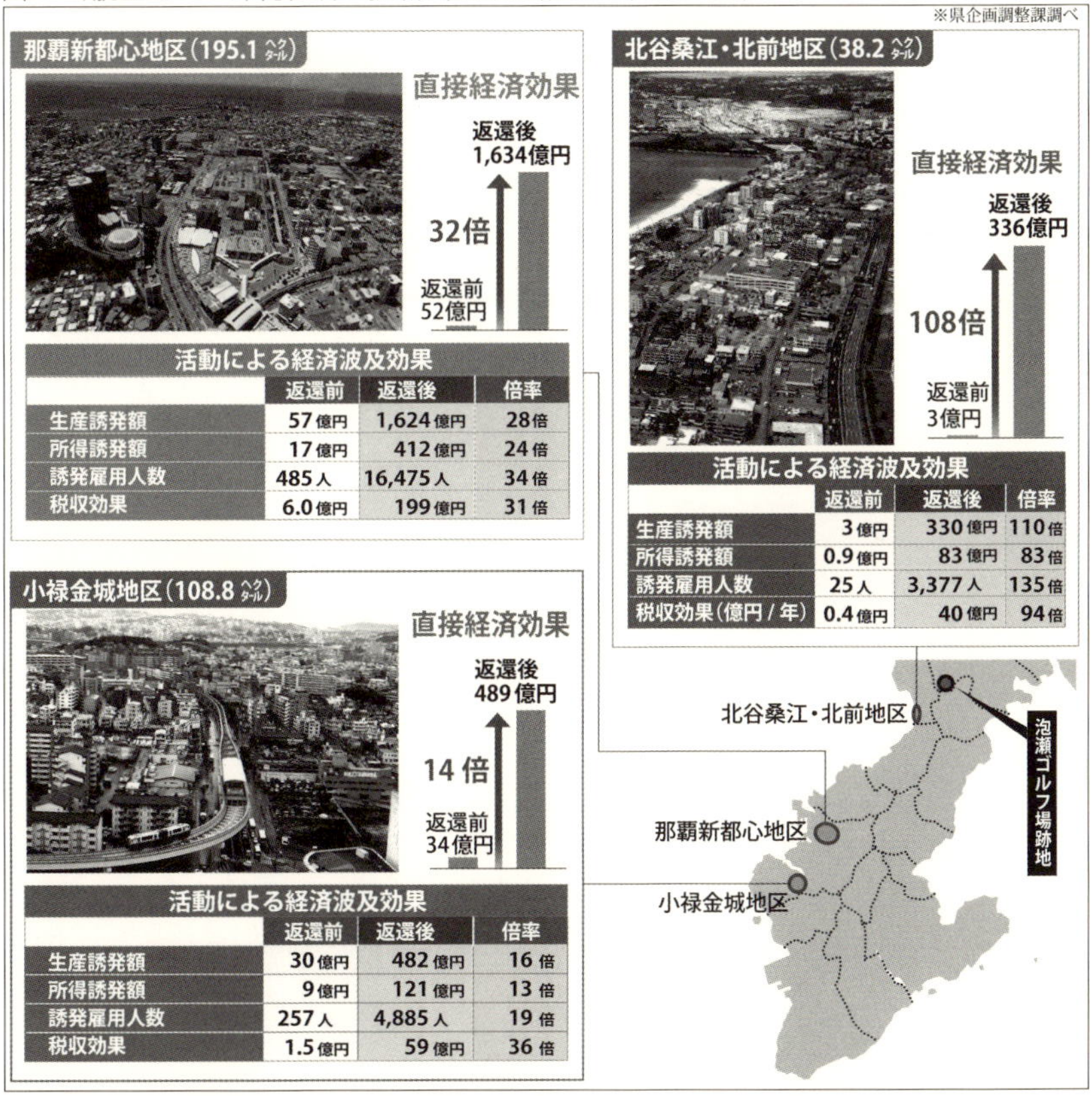

那覇新都心地区（195.1ヘクタール）　活動による経済波及効果

	返還前	返還後	倍率
生産誘発額	57億円	1,624億円	28倍
所得誘発額	17億円	412億円	24倍
誘発雇用人数	485人	16,475人	34倍
税収効果	6.0億円	199億円	31倍

北谷桑江・北前地区（38.2ヘクタール）　活動による経済波及効果

	返還前	返還後	倍率
生産誘発額	3億円	330億円	110倍
所得誘発額	0.9億円	83億円	83倍
誘発雇用人数	25人	3,377人	135倍
税収効果（億円／年）	0.4億円	40億円	94倍

小禄金城地区（108.8ヘクタール）　活動による経済波及効果

	返還前	返還後	倍率
生産誘発額	30億円	482億円	16倍
所得誘発額	9億円	121億円	13倍
誘発雇用人数	257人	4,885人	19倍
税収効果	1.5億円	59億円	36倍

港整備費。その他、沖縄振興に関係の薄い事業費がごちゃまぜに入っている。それは、食材の成分を表示しないミックスジュースのようなものです。日本政府のヤナジンブングゥワ（悪知恵）なんですね。そうしたたくらみに負けず、私もジンブン出して分析すると、沖縄の予算は決して貰い過ぎではないということです。

国税徴収決定額をみると、東京の2兆3000億円が断トツです。上位10都道府県で全国の税収の50％を占めています。そのなかに九州から唯一福岡県が入っています。では沖縄県は何番目かというと、29番目で九州8県のなかでは4番目です。私たち沖縄県は3000億円貰っていますが、3116億円を税金として納めています。さらに図4-1、2を見てわかるように日本の排他的経済水域（EEZ）447万㎢に対して、沖縄は86万㎢で、約5分の1を占めています。国土では日本の0・6％しかない沖縄ですが、日本の海域の20％をもっていることになります。貢献度、国益論でいえば沖縄県の国からの3000億円の予算は全国の自治体と比較して決して突出しているわけではありません。

観光の4要素

次は観光の力について、話したいと思います。観光立国の条件には、4要素があると言われています。まず1つは観光立県の条件が整っている。

図4-1　沖縄のEEZ面積（86万㎢）は日本の国土面積（38万㎢）の約2.3倍

図3

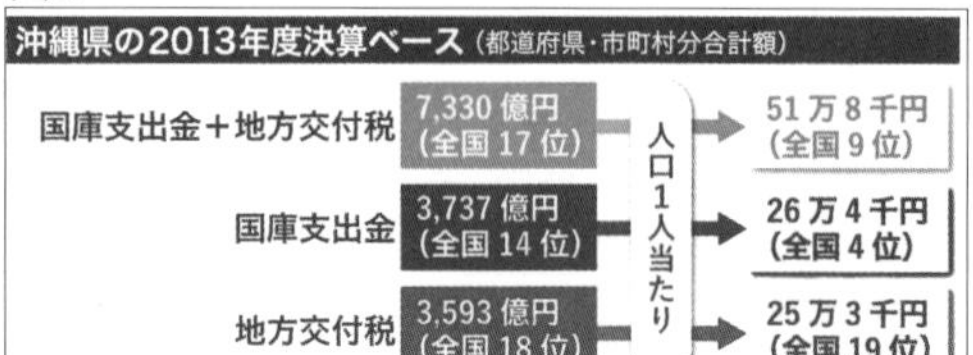

（琉球新報2015年5月16日）

２つ目が世界観光の流れ、トレンドに順行している。３つ目に地理的条件が整っている、地理的優位性ですね。それから４つ目が人口のポテンシャルが高いということです。沖縄観光の力というのはこの４つだと思っています。

そのことを話す前にデービッド・アトキンソン[*4]という方をご存じの方は手を上げていただけますか。（数人の方の手が挙がる）何人かはご存知のようですね。アトキンソン氏は、日本のこれからの将来を力強く再生させるのは観光だ、そして移民政策をしっかりしなければいけないとも言っています。日本は移民した人々にとって、世界で一番住みにくい国にあげられています。住みにくい国であれば、永住ではなく短期移民を受け入れましょうというのが彼の発想です。短期移民とは、観光客のことです。短期移民を受け入れれば日本は必ず救われると言っています。ＵＮＷＴＯ（国連世界観光機関）の長期予想によれば２０３０年の国際観光客数は18億人まで増え、地球規模で人が動くと予測しています。それが「交流」です。日本に

図4-2　日本の排他的経済水域(EEZ)における沖縄県の重要性と海上交通路(シーレーン)

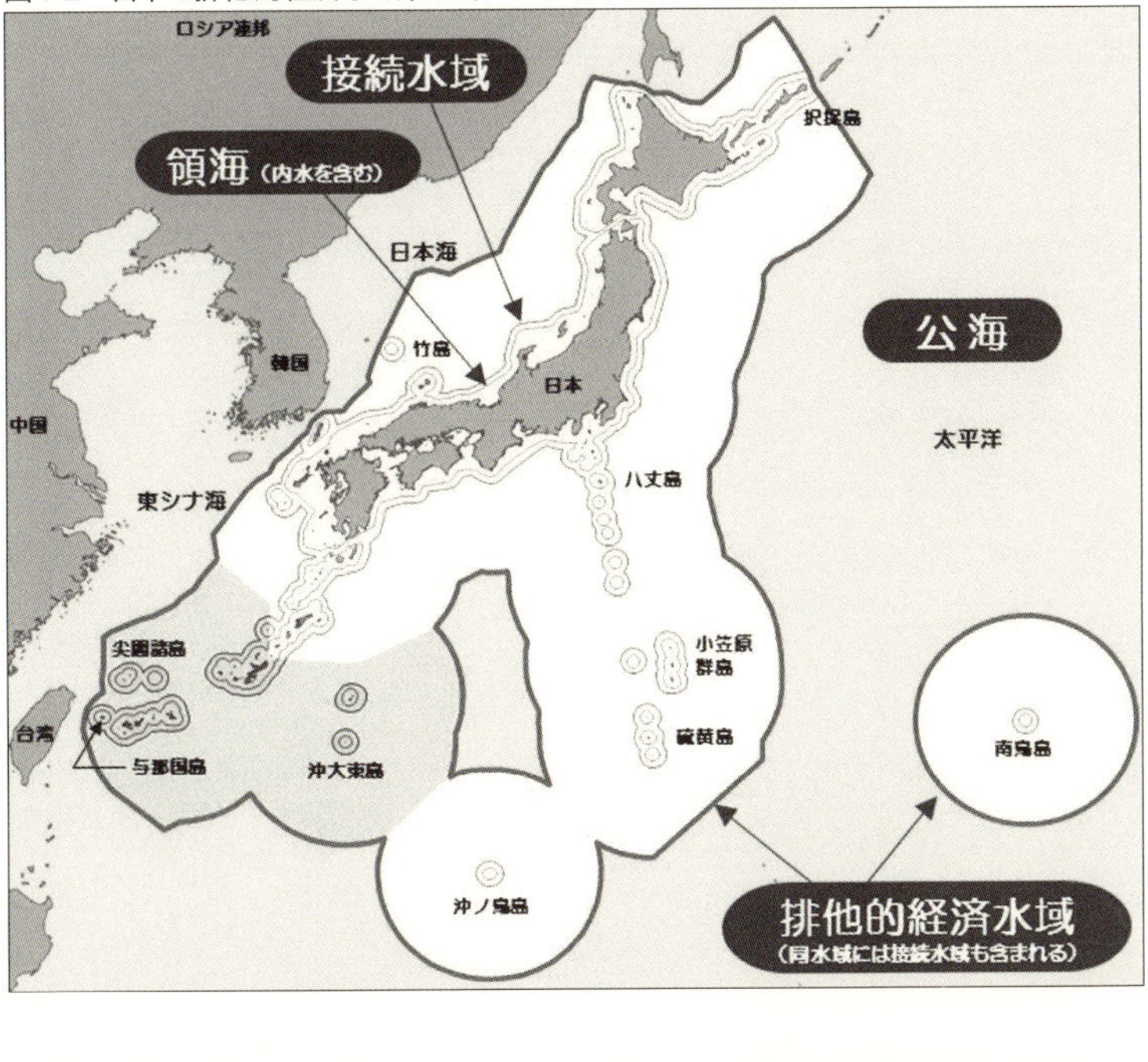

図4-1、2は海上保安庁ＨＰ図を基に株式会社かりゆし未来企画室作成

は８２００万人の観光客が来ると言われています。つまり日本には８２００万人と「交流」できるポテンシャルがある、ということです。アトキンソン氏は、観光立国には気候・自然・文化・食事の４条件が整っていることが前提条件で、日本にはこれらの条件が備わっている、と発言しています。

私はこの４条件を沖縄に当てはめてみました。沖縄は日本で唯一の亜熱帯海洋性気候であり、希少な海洋性動植物等が、１００種類、そして１６０の島々を有し、そのうち有人島が49あり、自然環境に秀でている。有形無形の文化、例えば唄、三線、舞踊、組踊、空手等の優れた文化をもっている。ゴーヤーやフーチャンプルー、沖縄そば等の琉球料理もあります。また中国からの冊封使の一人徐葆光《ジョホウコウ》が書いた書物には宮廷料理の記載があります。その料理を再現してみたところ、観光の大きな要素になると思いました。沖縄にはこういった観光の４条件が十分に備わっているということです。

アジアの時代、観光は「交流産業」へ

アジアの時代と言われていますが、なぜアジアの時代なのか。アジア開発銀行によるとアジアは２０５０年には、世界のＧＤＰの52％を占めると予測しています。14年の世界各国・地域への外国人訪問者数の１位は約８３７０万人でフランス、続いてアメリカが約７４００万人、スペインが約６４００万人で第３位です。第４位が５５６０万人で中国と

＊4　デービッド・アトキンソン（David Atkinson,1965-）イギリス生まれ。オックスフォード大学卒業後、ゴールドマンサックスのアナリスト。日本の不良債権の実態を暴く。現在、小西美術工藝社（京都）の会長兼社長。300年を誇る企業の先頭に立つ。

＊5　出展：World Tourism Organization（UNWTO）.

なっています。香港の約2700万人、マカオの約1500人。それから中国を足すと約1億人になります。そうすると世界の受入国のナンバーワンは中国で、国外へ観光に出る人数もナンバーワンです。

2030年でどのぐらいの人が動くか、「目的地別の海外旅行客数の推移と予測*5」をみると、約18億人が地球上で動く。動くというのは観光客のことで、先ほど述べた「交流」です。2010年にヨーロッパでは4億8000万人でしたが、2030年には7億4000万人が動き、約1・5倍になります。アジアは2010年で約2億人が動きましたが、2030年には5億4000万人で、2・7倍になり、成長率でもアジアが一番伸びる。アジアの時代と言われる所以です。

沖縄も非常に伸びています。図5でわかるように1972年度の入域観光客数が、2014年度には約12倍になりました。観光収入も約14倍に伸びています。私は42年間、観光の第一線で働いているのでこのような状況を肌でずっと感じてきました。

「観光」という文字は「その国の光を観る」、物見遊山の観光でした。その後は幸せを感じる「感幸」へ、視覚から五感を刺激し自分の原点

図5　入域観光客数と観光収入の推移(年度)

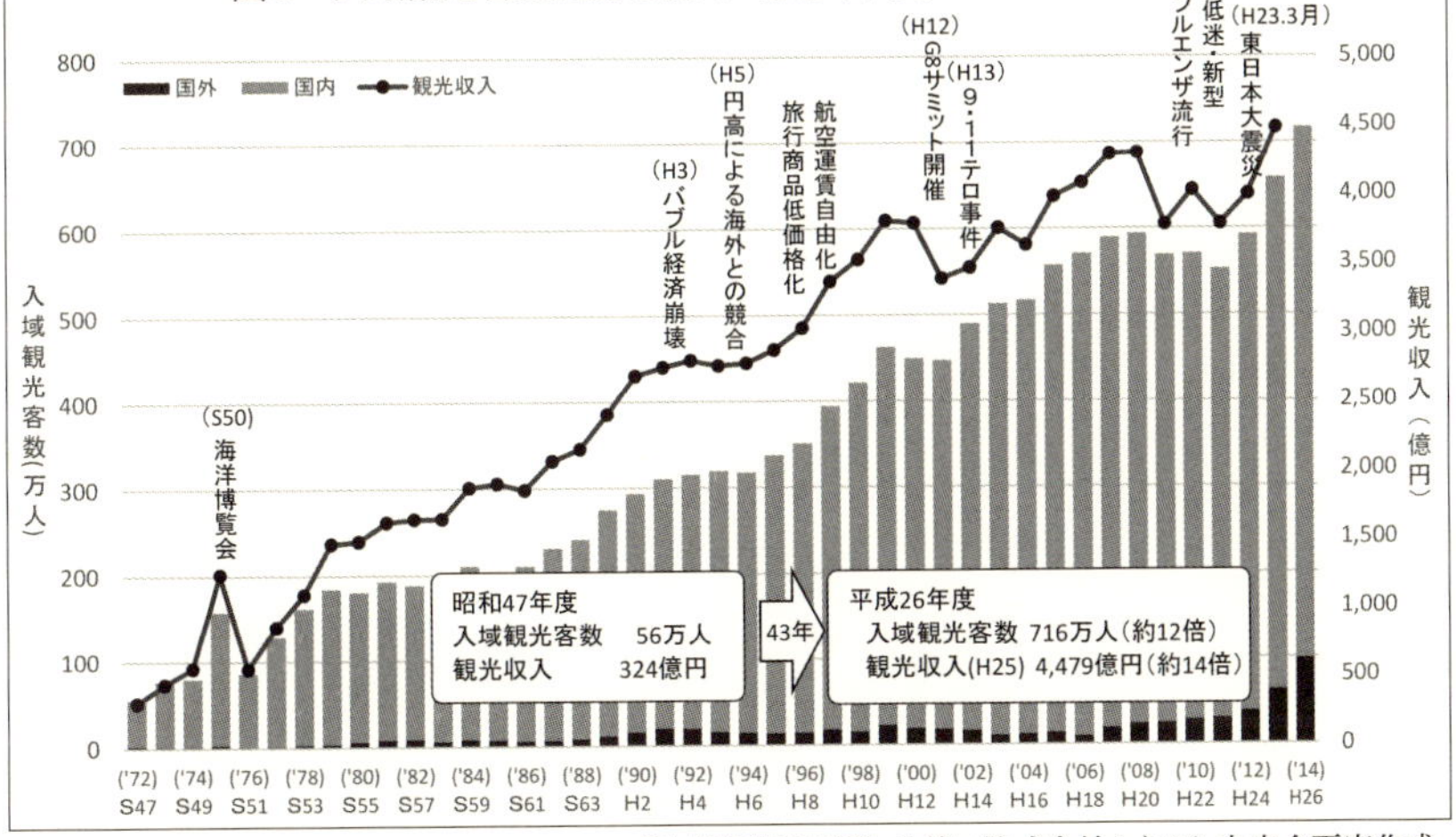

『沖縄県観光要覧』を基に株式会社かりゆし未来企画室作成

をみつける旅へと変わってきました。いろんな体験や体感をする場へと変化しています。では、これからの観光はどうなるかというと「歓交」です。つまり、地域との交流により、未来の自分を見つけに行くという「歓交」へと変わっていきます。現在、県内のどこに行っても観光客がいます。観光客と住民、地域との交流がとても密になっています。今後観光は「交流」に変わり、観光産業は「交流産業」になっていくでしょう。

現在、沖縄と結ぶ国内定期便は37路線で毎日171便が運航しています。1197便、37都道府県に飛んでいます。国際線は4つの国と地域の10都市に11路線172便が運航しています。東京・大阪・名古屋・福岡の4地区を除くと沖縄が断トツです。さらに2020年に那覇空港の第2滑走路の供用が開始予定です。

沖縄を中心に半径3000キロ圏内には約20億人が住んでいます。つまり日本本土、中国、ASEANを含めた約20億人のマーケットの中心に沖縄があるということです。さらに沖縄から4000キロ圏内にはシンガポールが入り、約30億人のマー

図6　沖縄の地理的位置ー巨大マーケットの中心ー

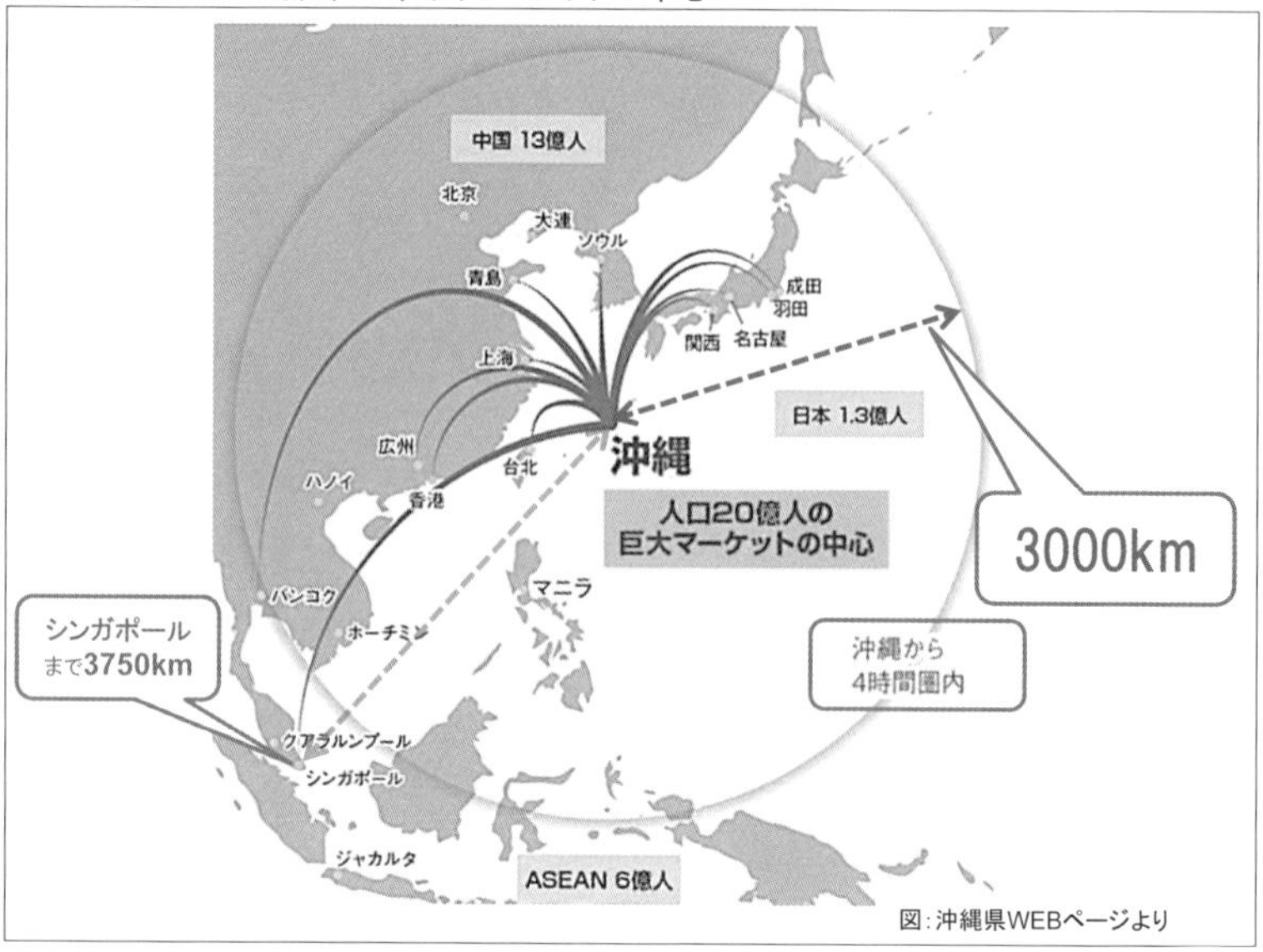

図：沖縄県WEBページより

ケットとなります。沖縄の地理的位置を考えると、そういった巨大マーケットが展望ができます（図６）。

定住人口が交流人口を呼び込む

日本は急速な少子高齢化で２００８年の1億２８００万人をピークに２０５０年には1億を切って９７００万人になると言われています。ＧＤＰがどんどん落ちていくということになります。15歳から64歳の生産年齢人口は２０１０年には63・８％ですが、50年には51・5％に減り、0歳から14歳までの若年人口は10年には13・1％ですが、50年は9・7％に落ちると言われています。一方、沖縄県は10年に１３９万３０００人、その後も人口は増え２０５０年には約１５０万人になると言われています。生産年齢人口も64・５％から２０５０年には55・3％で、若年人口も17・7％が50年には15％と、日本全体の中では減少率が低い。そういう意味でも沖縄は人口的なポテンシャルは非常に高いということです。

２００８年に日本は観光立国宣言をし、観光庁ができました。観光庁は、減少する定住人口を交流人口で活性化し、交流人口の力で地域の伝統文化を回復し、誇りを取り戻すことを観光の意義としています。過疎化していく地域を交流人口で復興させ、強くしていく。どんどん旅行しましょう、地域に行きましょう、交流することで地域を回復させましょう、と言っています。沖縄は、先ほど説明したように増加する定住人口の力で交流人口を呼び込むことのできる、国内唯一の地域です。さらに言えば、伝統文化が交流客を再生させることができる風土をもっています。観光庁の考える観光の意義と沖縄の観光は全く違うということです。それが沖縄観光の力、魅力になるということです。

観光天気予報からみる目標数

私がＯＣＶＢ会長に就任して「観光天気予報」というのを月２回、出しています（図７）。観光天気予報というのは、これから先３～４ケ月の沖縄観光入域客数の見込みを、天気マークでの予報として県内各業界へ発信するものです。予報は県内ホテルの協力を得て、各社が見立てた予測値をＯＣＶＢが集約し、全体概況として仕立てたものです（図８）。私はずっと観光現場にいましたので、だいたい２ケ月前、３ケ月前、半年前の段階で今後の客数がどのくらいになるか、ということを肌感覚でわかっています。

沖縄観光入域数の目標として１０００万人達成ということがよく言いわれています。では１０００万人達成後はどうなるのかということは、誰も言う人がいません。これは言わなきゃいけないでしょう。図８をご覧下さい。２０１５年度の実績予測では７７５万人が来る、と見通しています。それをもとに、16年は８０９万人と私

図7

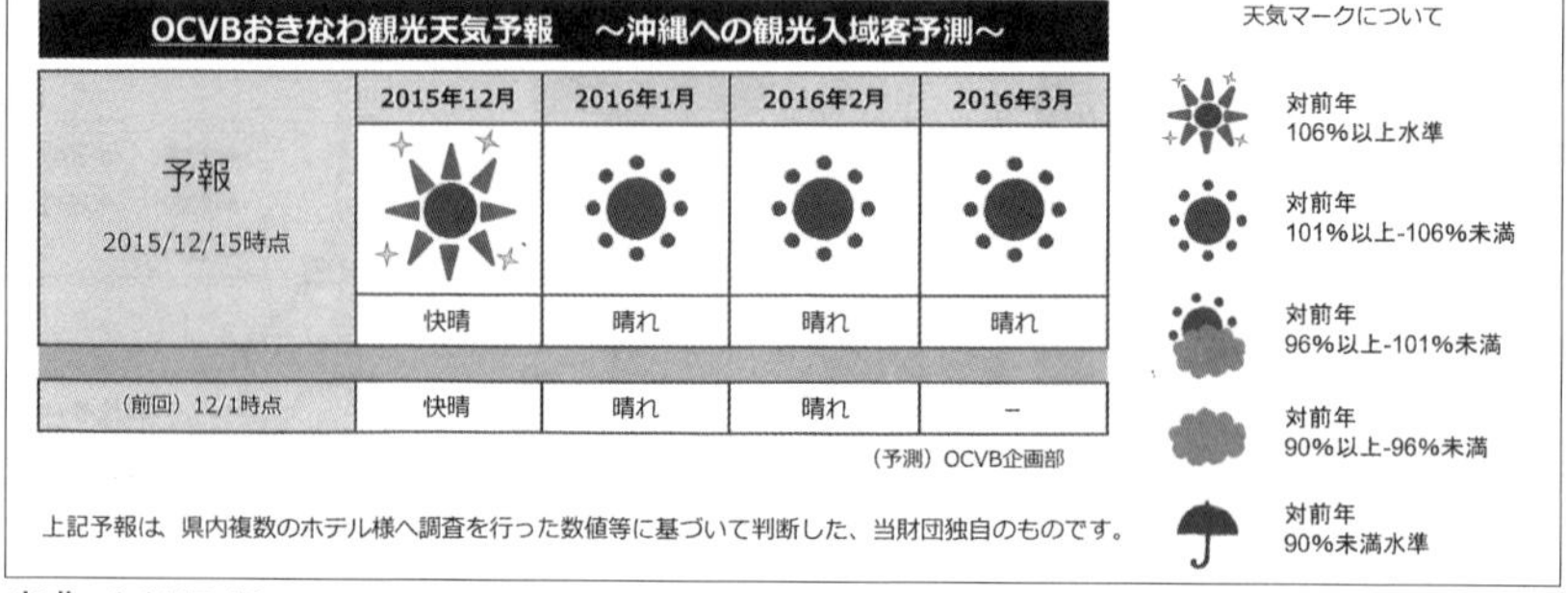

OCVBおきなわ観光天気予報　〜沖縄への観光入域客予測〜					
予報 2015/12/15時点		2015年12月	2016年1月	2016年2月	2016年3月
		快晴	晴れ	晴れ	晴れ
（前回）12/1時点		快晴	晴れ	晴れ	-

☀	対前年 106%以上水準
☀	対前年 101%以上-106%未満
☁	対前年 96%以上-101%未満
☁	対前年 90%以上-96%未満
☂	対前年 90%未満水準

上記予報は、県内複数のホテル様へ調査を行った数値等に基づいて判断した、当財団独自のものです。

出典：*OCVB News*,2016.01.

は予測しています。沖縄観光の過去20年間の年平均成長率は４・26％です。先ほど沖縄の観光は、世界の観光のトレンドに順行していると私は言いました。世界の観光の成長率は30年に18億人で、４・５％です。沖縄の成長率４・26％は世界の伸び率に沿っていることになります。20年３月には、那覇空港第２滑走路が供用開始予定のためその年度のみ直近５年間の成長率８・81％と予測しています。21年度以降は、20年間の実績の４・26％をかけていきますと、25年には１２３４万人になるという予則が出てくるのです。30年には大体１５００万人になります。そうすると皆さん、こんなに来て大丈夫なのか、例えば水の問題、ごみの問題、いろんな問題があります。これらの問題は、確実に解消されます。例えば水の問題を総合事務局に問い合わせたところ、７つのダムがあり、２０００万人は全く問題ないとの答えをいただきました。

軍事的優位から経済的優位へ

先ほど沖縄の地理的優位について説明しました。これまで沖縄の軍事的優位ばかりが語られてきました。これを私は経済的優位へ変えていきたいと考えています。軍事的抑止力ではなく、これからはアジアの近隣と仲良く、経済の中で抑止を考えていく。つまり交流と物流でもって我々が軍事的衝突の懸念を払拭していきたい。基地は経済の阻害

図8　入域観光客数（予測）

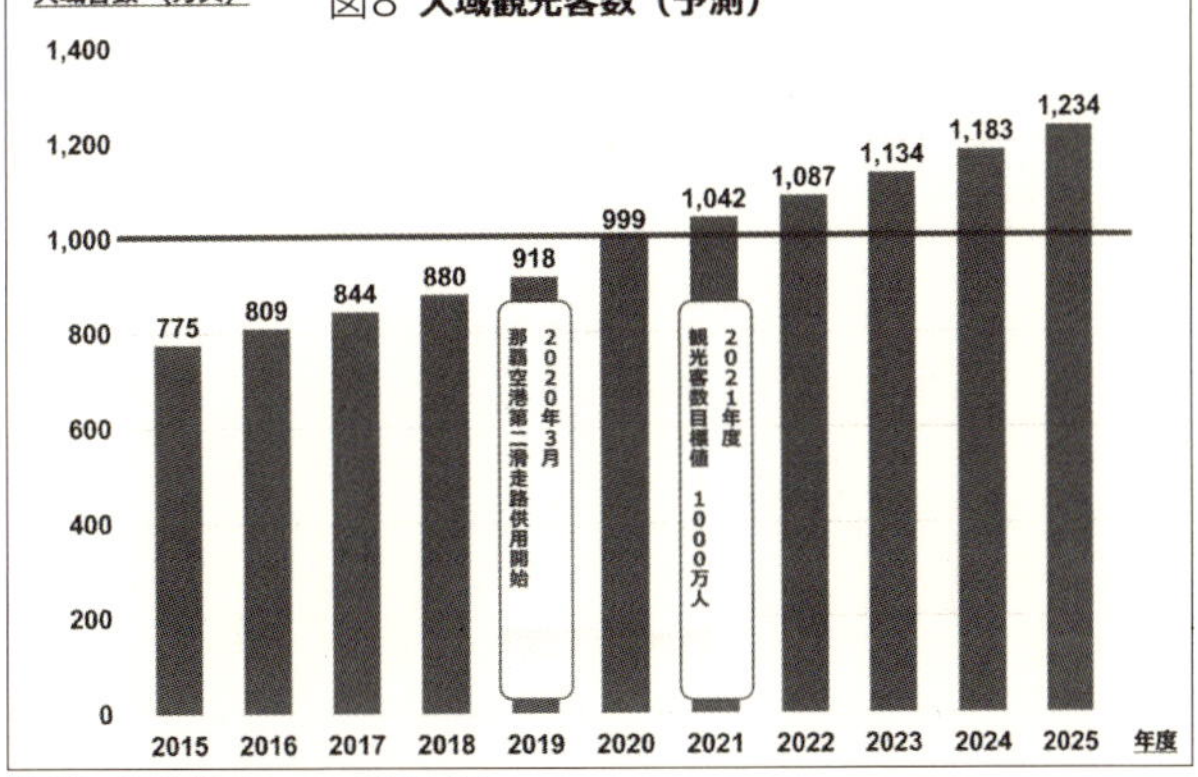

出典：*OCVB News*,2016.01.

要因であるということです。

辺野古周辺の光景は、皆さん、すばらしいですよね。こんなすばらしい岬、砂浜はアジアのどこにもないです。私も100カ国以上行っていますが、この地形は最高の地形です。キャンプ・シュワブの岬やビーチを含めて、ものすごくポテンシャルが高いところです。沖縄にはすごいところがまだ残っていたと思っています。僕は米軍に感謝しています。「よくぞ残してくれてありがとう」「これは沖縄の財産になるね」と。「トートートー、ナーウフィグヮ使っておいて、すぐに全部返しなさいよ」と、いつも願っています。

ここを一大リゾートにすれば2000室は可能で、5棟くらいは必要でしょうが、すぐにできると思います。そうすると、単純に計算して間接雇用も含めて2000人となり、年間売上見込みが約5000億円。これは確実です。あの敷地でしたら、あるいはまだ建てられます。コンドミニアムのような、いわばリゾートマンションのようなものを建てることも可能でしょう。ここはそういう夢のある土地だということです。

私はいつも「観光は平和産業である」と言っています。つまり、米軍基地は阻害要因なので、返してもらいましょうということです。沖縄には高いポテンシャルがある。今日はこれだけ覚えて帰っていただきたいと思います。理屈は私が全部しゃべります(笑)、提供していきます。これからも一緒に沖縄を平和な島にしていきたいと思っていますので、よろしくお願いします。

コメンテーターからのコメントと質問

観光と沖縄経済特区との相乗効果

伊達竜太郎　示唆に富む貴重なご報告をいただきましてありがとうございます。私は現在、沖縄の経済特区について、法律的なアプローチから調査研究に取り組んでいます。今回はその観点からのコメントと質問をさせていただきたいと思います。

伊達竜太郎

報告では、観光立国の４条件に沖縄県も当てはまるという指摘と、沖縄県の地理的位置の優位性が経済的優位性へと移行していくというご指摘がありました。それぞれの分野で沖縄の観光には多くの可能性が秘められているということがよく理解できました。その可能性を実現していくには、沖縄の具体的な魅力をさらに磨き、県外、海外へと発信するということも重要になってくると思います。

「物流特区」も同様、地理的位置の優位性によって那覇空港を中継基地として県外から海外へ、海外から県外へと取引が増加しているところです。物流特区の「物の流れ」と観光特区の「人の流れ」という違いはありますが、双方の分野において、経済的優位性へと発展させていく更なる取り組みが必要になっていくと思います。

質問を３つ用意しております。１つは沖縄観光における課題とその解決策について、

2つ目は沖縄の観光業界における企業誘致について、3つ目に観光業界におけるワンストップサービスの必要性とOCVBの果たす役割についてです。

沖縄観光における課題について

平良　沖縄観光における課題については、いろんな課題がありますが、まず観光インフラができていないということです。例えば道路、港、海岸線など、そういったところが観光という目線で何もつくられていないということです。景観が非常に悪い。大きな課題だと思います。海岸線でも消波ブロックは要らないですね。やっぱり砂浜にすると、ウミガメ等も寄ってきます。そういったことが足りない。金太郎アメ的な沖縄にするのではなく、地域に合った観光インフラがとても必要です。自然環境に配慮し、県外や海外から見たときの「外からの目線」による環境づくり、さらに県民生活の利便性に配慮したつくり方も重要になります。やっぱり、ここに人が住んでいないと観光は成り立ちません。交流でございますから。その人たちが住みたい、あるいは住んでみたいという気持ちにさせなければ観光は発展しません。

企業誘致について

企業誘致についてですが、例えばホテルの誘致、それから交通インフラの誘致ですね。

ＬＲＴ、路面電車なども誘致の対象になり得ます。全部自分たちでつくるのは財政的に無理ですので、誘致するようにすればいいんですよ。沖縄の魅力を出していけば喜んで誘致する企業が出てくるでしょう。ここで配慮しなければいけないのが、地元企業です。地元企業は、自分たちのことを自分たちでまだ理解していない。沖縄の文化を知っているということは、ものすごい強みを持っていることなのですが、それに気づかず、見逃している。地元の強みを理解して、企業誘致に対して工夫し続けることによって、大きなビジネスチャンスになると思います。

ワンストップサービスについて

ワンストップサービスは必要ないと思っています。ワンストップでやると、地域住民の考え方・思いがみえにくくなります。企業が努力して地域に進出していくことがとても大切なので、ワンストップは絶対要らないと私は思っております。県や私どもＯＣＶＢとしては、沖縄に進出するその魅力を創り出すこと。先ほど言いました、10年先を具体的に見せることによって、企業意欲が出てきます。先々の沖縄の魅力を、我々がどんどん発信していかないと、なかなか沖縄に進出してこないと思っています。

会場からの質問に答える

東海岸の観光について

平良　大型ＭＩＣＥ施設[*6]が西原町と与那原町にまたがるマリンタウン東浜地区に決まりました。これが大きな起爆剤となって、与那原町、西原町、中城村、北中城村でサンライズ推進協議会[*7]ができました。それに沖縄市とうるま市が関わってくると、東海岸のほとんどを網羅することになると思います。その施設が核となって、新たな宿泊ポイントができる。そして海岸線が一つのＬＲＴで結ばれていく可能性というのは十分にあります。それぞれの市町村としてだけではなく、サンライズ推進協議会として市町村の連帯感が出てきます。東海岸はものすごい夢のある海岸線になると思います。

しかし、東海岸の市町村に共通していることですが、そこには観光協会がないんです。それで観光協会の設置を提案しているところです。この間、町長、村長に話したら早急につくるということでした。西原町は農業が中心の地域だと言われている、そこで私は農業を６次産業化し、付加価値をつけて紹介していくという話をしました。農作物を運ぶにはお金もかかるので、来た人に食べてもらう、胃に入れて帰っていただく。これは付加価値が上がり、６次産業化が完結されていく。西原町に関しては、６次産業化を全面に出して、そこに人を呼ぶ、交流する地域にしていきましょうと話しているところです。

＊6　大型ＭＩＣＥ（マイス）施設
大規模会議や展示会、２万人以上のコンサートなどが可能な施設群。県は2016年１月、マリンタウン東浜地区に４万㎡の規模で建設することを正式に決定。2020年度供用開始予定。

＊7　サンライズ推進協議会
沖縄本島東海岸地区の発展を目指すため、与那原町、西原町、中城村、北中城村の４町村で2015年に結成。県の大型MICE施設の誘致運動を展開した。

若者へのメッセージ

若者にとって、沖縄はいくらでも可能性がすごくあるということ、ビジネスチャンスは幾らでも転がっているということです。先ほど辺野古周辺、キャンプ・シュワブのリゾート地としての可能性を話しました。つまり２０００室から付随する企業が発生していくということ。例えば、私の会社は、一つのホテルで関連会社が12社あります。一つのホテルをつくることによって12名の社長が生まれる。そこの社長に自分がなればいい。若者の夢はこれからどんどん広がっていきます。沖縄から見るのではなく、アジアから沖縄を見てもらいたい。沖縄の可能性はすごくよく見えてきます。

「観光の島」から考える

石川　最後に「観光の島」沖縄という観点から一言お願いします。

伊達　沖縄県では、自立型経済をどのように構築し、目的を達成するのかということをよく言われます。今回、平良会長から沖縄における観光のポテンシャルが非常に高いということで、明るい未来を示していただきました。まさに沖縄経済のリーディング産業の一つは観光業です。この観光業をどのように継続的に発展させていくかということが、その自立型経済の構築の一つの鍵になるのではないかと考えております。その際に、沖縄の観光の持つポテンシャルを最大限引き寄せるために、沖縄経済特区との関連というのも将来的には考えていきたいと思っております。観光のほかにも情報、金融、物流というのもありますので、観光と沖縄経済特区の相乗効果によって、観光の未来、沖縄の未来を明るく照らす道しるべを示していければと願っています。

平良　皆さん、沖縄で昇った太陽、朝日はどこに沈むと思いますか。昇った朝日は、アジアをずっといきますと、地平線にしか沈みませんね。最後に海に沈むのは、ポルトガルのロカ岬です、ヨーロッパで一番西ですから。私は、このロカ岬でサンセットを見たときに思いました。これは沖縄から昇ってきた、と。そしてここに沈むのだ、と思った。まさにロマンじゃないですか。このロマンをしっかり一つひとつ組み合わせていくこと。先ほど言いました4000キロ圏内の中に30億人います。例えば、重慶[*8]では、海に沈む夕日をみることはないんですよ。その人たちが沖縄にすばらしい海を見に必ず来ます。重慶からは直行便だと2時間半で沖縄に来ることができます。

我々の目線というのは沖縄から見るのではなく、地球規模でヨーロッパ、アフリカ、中央アジアから見たとき、沖縄のポテンシャルはすごく高いということ。今日の最後の言葉にしたいと思います。

石川　最後に、所長の稲福日出夫より皆様にご挨拶を申し上げます。

稲福　皆様、お疲れさまでした。今年度、法政研では、連続企画としてシンポジウムを

＊8　重慶
中国内陸部、長江上流の四川盆地に位置する中国の直轄市。総人口2884万人。都市圏人口は671万人で中国第7位。

1回、講演会を2回開催し、その都度コメンテーターも配して、講師の報告内容の輪郭が浮き彫りになるように工夫もしたつもりです。お忙しいなか、報告者、コメンテーターともに、私たちの申し出を快くお引き受けくださり、感謝申し上げます。

さて、この連続企画が進行中にも、沖縄を取り巻く状況は刻一刻と変化しております。また、沖縄の未来を考える切り口として、この連続企画の視点だけで十分というわけではもちろんありません。しかし、少なくともこの「基地の島」「国境の島」「観光の島」が、日米両政府、両国民、さらに世界に向かって何を問うているのか。また、郷土沖縄は、自らの身の丈に合った未来像をどう描こうとしているのか。そういうことを考える際の手がかりの幾つかはあったのではないか、と思っております。

昨年12月からの長丁場でございました。参加者の中には毎回出席されて顔見知りになった方々も少なからずおられます。本日はあいにくの天候にもかかわらず足を運んでくださいました会場の皆さんに感謝の言葉を述べて、主催者挨拶といたします。ありがとうございました。

辺野古代執行訴訟
第4回弁論
知事尋問(要旨)

琉球新報2016年2月16日より転載

2016年2月15日
福岡高裁那覇支部

「あらゆる手法」について

国側　あらゆる手法を駆使して辺野古新基地を阻止する。これがあなたの選挙公約。

知事　はい。

国側　知事に就任してから裁判に至るまでの間に変わったことはあるか。

知事　そのままずっと維持している。

国側　辺野古新基地建設阻止はあなたの県知事あるいは政治家としての信念、信条であると。

知事　今日今まで私が話したことを総括すると、そういうことになる。

国側　今回の埋め立て承認の取り消しも、あらゆる手法の中の一つか。

知事　表現方法が適切かどうか分からないが、そういうスタンスだ。

国側　今回の埋め立て承認の取り消しはあなたの公約や政治家としての信念の実現のためにしたことか。

知事　それはやはり制約があると思う。なぜかというと、第三者委員会の法律的な瑕疵（かし）の検証がある中で、そこで法律的な瑕疵がなかったと言えば、それはそこで終わりだから、一貫してというわけではないと思う。

第三者委の客観性

国側　あなたは2014年12月に知事に就任した時点で、仲井真知事がした埋め立て承認に法的瑕疵があると判断していたのか。

知事　その時はそうは思わない。

国側　仲井真知事がした埋め立て承認に法的瑕疵がないかを確認するために、第三者委員会を設置したということ。第三者委員会の委員は誰が選んだ。

知事　第三者委員会は委員長については、合議で、みんなでそういった話をやりながら選んだ。

国側　甲A200号証を示す。今の答えがはっきりしないので。委員は環境問題や法律の専門家など優れた知識を持つ者から知事が選ぶとある。今の答えだと委員長は合議だというのは。

知事　合議という意味合いがまた、法律用語でどうなっているか別として。私も相談する人がいるので。提言を受けながら、選んだことになる。

国側　どういう基準で人選したのか。

知事　それは環境問題に見識や経歴等を見させてもらって。

国側　甲乙204号証の2の二枚目。この記事を読むと、タイトルで「この事態止める　埋め立て検証委員会が激励」というタイトルの記事。ご確認いただけたか。

この記事の中で紹介されている桜井国俊さん。この方も第三者委員会の委員の1人ですね。

知事　はい。

国側　この新聞記事によると、平成27年2月5日、これは第三者委員会が設置されてから大体10日足らずの時期だが、桜井さんはキャンプ・シュワブゲート前の反対集会に参加して、「この事態にストップをかけることが我々の使命だ」と言い、また「埋め立て承認の瑕疵を確実に探し、国に反論しえる論理を構築する」というふうに記載されている。

第三者委員会の委員の一人である桜井さんが、辺野古の埋め立て、これは明らかに反対の立場を表明されているわけだが、このことは知事が選任した当時、ご存じだったか。

知事　いえ、私は那覇市長時代にごみ問題を解決した経緯がある。その時に環境問題の権威であることは承知しているが、政治的な意味合いは承知していない。

国側　辺野古の埋め立てについての立場は知らなかった。今、知事、ご覧になられて、こういう発言される方が、埋め立て承認について調べる第三者委員会で、第三者として客観的中立的な判断ができるとお考えか。

知事　6人の委員がいて、そのうち3人の環境委員と3人の法律の専門家がいて。そういったことを含めて、収れんされていく中で、客観性、中立性、公正性が保たれていると思っている。

国側　第三者委員会の検証というのは、今の桜井さんの例を見ると、結局、埋め立て承認は瑕疵があるという結論がまず先にあったんじゃないかと思えるが、いかがか。

知事　先ほど答えた通りだ。収れんされていったものだ。

国側　第三者委員会は平成27年7月16日に埋め立て承認には法的瑕疵があるという報告をしたが、埋め立て承認に瑕疵があったという判断は第三者委員会の報告に従ったものか。

知事　第三者委員会の報告書を私も読んで。県庁の職員らと協議しながら、決裁権者として判断した。

那覇空港との違い

国側　那覇空港第2滑走路の増設の埋め立て承認も仲井真知事がしたことは知っているか。

知事　知らないが、時代背景からすると、仲井真さんのころのものだと思う。

国側　那覇空港の第2滑走路の埋め立て承認も仲井真知事がした。時期的に辺野古の埋め立て承認は平成25年12月27日で、那覇空港は平成26年1月9日なので、大体2週間後。

那覇空港第2滑走路の埋め立て承認についても、自然環境とか騒音問題とかいろいろ懸念がありうると思うが、その埋め立て承認については県庁内で検証したり、第三者委員会を設置して検討しようと考えたことはないか。

知事　私が就任する以前からこの問題が浮上していたことはなかった。県民の反対運動もなかった。その中で環境問題の保全、そういったこと等はいわゆる議会の中でも指摘されることはなかった、このことについて、いわゆる辺野古のような検証をするということは今の時点ではない。

国側　辺野古沿岸域の埋め立て承認について、法的瑕疵があるという判断に至ったのは、先ほどの話だと、集中協議が終了後、第三者委員会の報告を受けてその後、集中協議に入って、その後と聞いている。

知事　実行したのと判断したのはちょっと時間がずれるところがあると思うが、大体その通りだ。

国側　少なくとも第三者委員会の報告の後。

知事　そうだ。

国側　そうすると、少なくとも知事に就任した当時、平成26年12月、その当時には法的瑕疵の部分については分からなかった。

知事　判断するほどには分からなかったが。先ほど申し上げたように、（仲井真前）知事の判断する前にお会いした時に「環境問題がきついんだよ」という話を聞いたので。環境保全問題で苦労したんだとその時に分かった。

法的瑕疵の内容

国側　埋め立て承認の法的な瑕疵の中身について。あなたが考える最も重要な瑕疵はどういうところか。

知事　一番、法的な瑕疵は埋め立ての必要性、これについては大変重要な部分だろうと思う。それからやはり大浦湾はジュゴンの生息地で、生態系がしっかりしたところでもある。環境保全、生活環境もだ。今回の埋め立てについては配慮がなされていないこと。それから国土利用の適正かつ合理性に関して、基地の在り方も歴史を含めて、そういったことも考えられる。

国側　被告の主張を見ると普天間飛行場の移設先が辺野古でなくてはならない、その実質的な根拠に乏しいと。埋め立ての必要性が認められないことを挙げている。それが重要な瑕疵だということでよろしいか。

知事　そうだ。

国側　普天間飛行場は全面返還されるべきだ。危険性が除去されるべきだと、その必要性は高いとその考えはあるか。

知事　そうだ。

国側　ただ、そのためであったとしても県内移設、要するに沖縄に新たな基地は造らせないというのがあなたの考えか。

知事　そうだ。

基地の整理縮小

国側　基地負担軽減の中には基地の整理縮小も当然含まれるという理解でいいか。

知事　負担軽減の整理縮小というのは区別しにくい。どう切り分けるか。

国側　国外移転、県外移転、あるいは規模を縮小した上で、県内に移設もある。規模を縮小した上で、県内移設もこれも基地負担の整理縮小になるのか。

知事　基地の整理縮小は決して面積的なものだけではない。辺野古には弾薬庫ができたり強襲揚陸艦が接岸できたりする。そしてV字形の滑走路。そういった意味での整理縮小には単純に面積的な意味で縮小にはならない。

国側　内容によると。

知事　内容による。

国側　那覇市長時代に辺野古を容認された経緯がある。平成17年6月の定例の那覇市議会で、規模を縮小した上で辺野古移設について基本的にはSACO合意を着実に実現させる。基地の整理縮小を図ることがより現実的、実現可能な方法であると認識していると発言されたのは記憶しているか。

知事　それは平成17年ということは、平成18年の米軍再編成のない中だ。意味合いが違う。

国側　今は反対の立場。その理由については、辺野古移設を苦渋の決断で容認された中には15年返還合意や軍民共用が前提ということ。

知事　稲嶺さんの15年期限ということか。

国側　はい。

知事　そうだ。

国側　それが白紙になって、それで固定化になるんではないかということか。

知事　白紙になったというか。稲嶺さんに相談もなく、米軍再編成が発表された。沖縄県民がどれだけ負担しているかにも関わらず、発表された。それは信頼性に欠ける。

国側　そういう中から反対の立場になったと。

知事　度合いは言いようがないが。

国側　現在、普天間飛行場の危険性の除去について、現実的で実現可能な方法について、あなた自身の具体的な考えはあるか。

知事　10年前に硫黄島にP3Cに乗って行った。向こうは住民がいない。自衛隊のタッチアンドゴーをやっている。沖縄の負担を受けてもらえないかと言ったことがある。努力はしたが、今の考えということは申し上げることはできない。

国側　考えがあるけども言えない。

知事　県外移設という考えは持っている。具体的にはどこかとは言われると、ないという話だ。

国側　法的瑕疵の重要な点として、辺野古でなければならないという根拠が十分ではないということが適切でない。そこで埋め立ては認められない。これは重大な瑕疵だと。

沖縄には新たな基地は造らせないということになると、沖縄県内ではどこも認められない。

知事　これは仮定なので、どこがどうこうとは何もない中で。

国の対抗策

国側　質問を変える。承認取り消しに当たって国が取る対抗策について検討したか。

知事　官房長官や総理が一言漏らしたことについて話していいか分からないが。いずれにしろ、この問題が起きてからはシミュレーションについて。その前には理解しつつ、こういったことは起こりうるなと思っていた。

国側　岩礁破砕の一時停止について、行政不服審査法による手続きを取ってくるのでないかということは考えたか。

知事　これは十分に考えられた。

国側　地方自治法245条の7の是正指示、国地方係争処理委員会の申し立ても検討したか。

知事　検討したかどうかというよりも、法的にあり得るということは。

国側　10月13日に取り消しをした際、国はどういう対抗策を取ってくるか。国地方係争処理委員会の申し出なども先ほど言っていたと思うが。

知事　是正の指示があるだろうとも思うし、その場合には委員会への申し出なども。

国側　国地方係争処理委員会の申し出に不服がある場合、国の関与の取り消し訴訟ということも考えたか。

知事　どの段階の話をしているのか。

国側　埋め立て承認を取り消しされるときに。

知事　埋め立て承認の…。

国側　代執行訴訟が提起される可能性は検討されたか。

知事　あり得るというのはね。私は総理や官房長官がぽっと漏らしたのは言っていいか、どうか。

国側　想定はされたか。

知事　シミュレーションは弁護士から教えてもらって、いろいろしている。

国側　国地方係争委員会についても検討されていた。対抗手段はよく検討されたということでいいか。弁護士と相談していたのか。

知事　よく意味合いが分からないが。

国側　作為の違法確認訴訟で敗訴が確定した場合、被告が確定判決の主文の判断に従った作為を行うことは、行政として当然であるというふうに、被告は第18準備書面で述べている。これはご存じか。

知事　はい。

国側　先ほど、被告代理人の質問で、作為の違法確認訴訟に限らず、国地方係争処理委員会に申し出て、そこの後の国の取り消し訴訟、ここで敗訴した場合も従うということを言ったが、これは間違いないか。

知事　はい。

国側　この点、前、知事は記者会見で言ったと思うが、司法の判断に従うのは行政として当然のことであるというのを、もう一度どういうふうにご理解されているか言っていただけるか。

知事　私の取り消しについてですね、代執行訴訟、お互いに言い分を聞いて、そして判決が下される。それは、行政の長として、しっかり受け止めるべきだろうと。その意味で。

国側　司法の判断には行政として従うのは当然であるということでよろしいか。

知事　はい。

国側　他方でこれまで、あなたはたびたび記者会見等で辺野古に基地は造らせないとか、今後ともあらゆる手法を用いて辺野古に代替施設を造らせないとの公約実現に向け不退転の決意で取り組むということも言っている。この発言との関係はどうなるのか。

知事　私がありとあらゆる手法を用いるというのはそれこそいろいろあると思う。私が去年行動した中で、仮にワシントンDC向こうのアメリカ政府が分かったと言えば、それもありとあらゆる手段になる。その意味からするといろんなやり方がある。

国側　そうすると、あなた自身の公約であるとか、辺野古に造らせないと政治的姿勢と司法の判断には従うことは両立する話だということか。

知事　その意味では、例えば先の話で米国が了解した場合に（裁判所の判決との整合性は）どうだということにはならない。

国側　政治的姿勢と公約とは別に司法の確定判決には当然従うということを言われている？

知事　判決には従う。

国の裁決への姿勢

国側　今回、沖縄防衛局長は国土交通大臣に対して、あなたが出した取り消し処分の取り消しを求める審査請求。それをしているが、これについて国土交通大臣がまだ裁決はしていないが、もし裁決をした場合、取り消しを取り消すという裁決した場合、それについては従うか。

知事　私はいろいろ裁判所を含め、第三者的な客観的には判決には従うが、取り消しを同じ閣内の人に、内閣の口頭了解のもとにいる人が国交相が客観的な第三者的な判決か。そういうことからすると…。

国側　要するに裁決には従わないと言うことでよろしいか。要するに司法なら第三者だが、行政内部でやったらいわゆるお手盛り的なもので、国土交通大臣の裁決には従わないと言うことでよろしいか。

裁判長　ご自身のお考えで。

知事　国・県の係争処理委もあるだろうし、その後の訴訟もある。そういったものを検討しながら。

国側　理由を先に言われたが、司法の判断は従う。だが、裁決に従わないというのはやはり、裁決というのはあくまでも行政機関内部での決定なので、それは従えないというのがあなたの考えか。

知事　はい。

国側　もし（承認取り消しの）取り消しを認容する裁決がなされた場合ですけど、その場合、裁決の取り消し訴訟といったものを提起するということを考えているのか。

知事　そうですね。はい。

国側　そのまま従わないと。今、執行停止決定が出ているが、これに対して県は取り消し訴訟を起こしている。同じようなことをこれも当然、視野に入れるということか。

知事　第三者的な裁判所の判断は大変重要だと思っ

ている。今の行政のやり方からすると、地方自治という意味で理解しにくい。

代執行の判決

国側　司法判断を求めたいと。では、これと関連するが、代執行訴訟、今、国が起こしているが、それであなた、被告が敗訴した場合、その判決にはあなた、従うか。

知事　従う。

国側　求めているのはあなたが出した取り消し処分を取り消せという主文になるわけで、例えば取り消しを取り消せという判決が下された場合、それに従ってあなたは自ら取り消せということなんですが。

知事　はい。

国側　これは代執行訴訟なので、取り消しを取り消せということに従わなければ代執行ができるという国の地方自治法の仕組みになっていますけれども、代執行がなくても自ら判断が出れば取り消すということか。

知事　私が考えているのと、別なことを言っているのか。（私が考えているのと）同じ話だったら、そうだ。

国側　取り消し処分を取り消せという裁判所からの判決が出た場合に、それに従ってあなたが取り消すということもあれば、もしそれをしない場合は国が代執行できるという規定になっている。ここはいかがかということだ。

知事　判決通り、（承認取り消しを）取り消す。

国側　双方どちらかが不満な場合に上訴して、最高裁で最終的に決定するということもあると思う。最終判断が確定した司法判断にはあなたは従うということでよろしいか。

知事　はい。

国側　そうすると、あなたが出した取り消し処分が違法で取り消されるということは、基本的には前知事の仲井真さんが出した、あなたは瑕疵があるというけれども、瑕疵があるといっていた仲井真さんの承認には瑕疵がないということがその場合、司法的に確定することになる。それが確定した場合はその判断を尊重してその後の行政判断をするということになるか。

知事　判決は大変重要なことなので、行政の長としては従う。だが、先ほど申し上げた一つの例、ワシントンDC、アメリカ政府が分かったとなる例などは考えている。

国側　それと絡んで、抜本的解決という観点でお聞きする。仮定の話で恐縮だが、最高裁等で取り消し処分を取り消せということが確定した場合に、その後に例えば変更承認申請等が出されることがあり得る。その場合はそれへの対応はどうなるか。

知事　具体的に上がってこないとどうと言えないが。沖縄県民の思いは大切にしないといけない。

国側　そうすると、前の承認は適合となっても、新たな変更申請については、その要件を吟味して新しく判断するということか。

知事　そういうことだ。

国側　あらゆる手段を駆使してアメリカと交渉するとも言われましたが、基本的にあらゆる手段を駆使して辺野古に基地を造らせないという中で、司法の判断に従うことでその後の基地建設が阻止できないということはいいのか。

裁判長　質問の趣旨がちょっと。

国側　他の取りうる手段の認識について。変更承認申請をした場合に、それについては要件に従って判断することでよろしいか。

知事　はい。

国側　あともう一点、先ほど来、固定化について、政府の責任として当然考えるべきだと、普天間の危険性除去は必要だと言っている。例えば政府が悪くて交渉しない、うまく交渉してくれないという場合に、結果として固定化してしまうという危機感を持っているか。

知事　私は総理にも官房長官にも返事はもらえなかったが、けれどもあんなに世界一危険だと何回も何回も話をされている方々が、辺野古に基地ができないから固定化することはあり得ない。本当に固定化するなら固定化すると言ってくださいという気持ちだ。

国側　宜野湾市長選の話をされた。そこで普天間を早期返還してほしいという民意が示されたというのはそういうご認識か。

知事　要するに移設先を示さないで普天間を早く返してくれという意味では。

国側　それに対して前はいろいろお考えもあったけれども、現時点であなたとして具体的な対案は示してはいないと。

知事　日本政府。唯一、宜野湾市長選挙で辺野古が唯一というのは政府も言わなかった。だからある意味では、一昨年の辺野古には造らせないということと、早く固定化を避けてくれ。宜野湾市民の考え方を統一すると、これは5年以内の運用停止を求めていくということが柱だ。

国側　前は固定化を容認していたけれども、平成17年ごろまで。それが変わったのは固定化前提じゃなかったのが、固定化が前提するように、15年（使用期限）とか軍民共用というのが破棄されたということを言っていたが、固定化前提じゃないならまた意見も変わるということか。

知事　2、3年前のことを考えると、自民県連は全部県外移設だった。あの石破幹事長、一夜にしてひっくり返った。そういったいろんな状況を見ながら、ないがしろにして相談もしないまま、15年問題を切り捨てて。沖縄の保守としてまた70年前のあの戦争。そういう思いをもつように、基本的に支えながら、私はそれは沖縄の保守としてなかなか合点はいかないというのが私の考え方だ。

国側　主尋問でも言っていたし、陳述書にも書いてあったが、あなたは沖縄の基地問題、安全保障は国全体が真剣に考えるきっかけになってほしい、という考え方。

知事　（うなずく）

国側　この訴訟でもそういうことを言っている。

知事　（うなずく）

国側　政府は埋め立て工事を強行しているということだが、暴力で対抗することはしないと。

知事　（うなずく）

国側　これは法治国家だからそういうことなんだろう。その上で法律に基づく権限を含めてあらゆる手法を駆使して、辺野古の新基地建設を阻止する。

知事　（うなずく）

国側　そうすると、あらゆる手法は合法的に取り得る手段・手法ということ。

知事　はい。

国側　国が何らかの行政措置を執ってきたときに、それに対し訴訟を起こすことも当然行うかもしれない。

知事　はい。

国側　今回のように、国が逆に訴訟を起こしてくれば、それに対して言うことは言う。

知事　はい。

国側　最高裁まで争うことが可能であれば、手続きを取る。

知事　はい。

国側　２４５条の７の是正の指示を出されたときにただちには従えない。

知事　はい。

国側　それに対しては、国地方係争処理委員会の判断を仰ぐということ。

知事　（うなずく）

国側　その結果、あなたにとって有利な判断が出るかもしれないし、そうでないかもしれない。納得いかない判断であれば、訴訟に。

知事　はい。

国側　それが辺野古の新基地を造らせないというあなたの県知事の立場として筋を通すことになるか。

知事　筋を通すというより、行政の長として。そういった判決に従うということであれば。何をもって筋と言っているか。

国側　別のことを聞く。今回の承認取り消し判断をするに当たり、どういうスタンスで臨んだか。第三者委が検証し、県の意見を聞き、さらには弁護士の意見を聞き、知事が判断した。そのスタンスを聞きたい。あなたの県知事という立場でもう一度見てみると、国が行った承認の申請は要件は満たしていないと考えるか。

知事　（昨年）7月16日に法律的に瑕疵があると報告書が出てきて。集中協議で話し合いをやろうという話があったので、これは望むところなので、1カ月間の工事停止、取り消しをしないということをして話し合いをした。

　ところが、5回の会談の中で、（政府から）発言らしい発言はなかった。最後に「工事は続行します」と。これはいくらなんでも０・６％の面積にこれだけ70年間も基地を預かってきて。これからも国有地として、また１００年も２００年も使おうとしている。そういったものをやろうとしている政府がそんな風に物事を考えていくのは。

裁判長　あなたが聞かれたのは、この埋め立て承認について、所定の法定の要件を欠いていると今、思っているかということ。

知事　埋め立ての承認…。

国側　今、あなたが答えたのは決断したなぜかというところ。聞きたいのは、埋め立て承認を取り消された。今の知事の目から見て、あの申請を見てみると、要件を欠いているというそういう判断か。

知事　法的な瑕疵があったということだ。はい。

国側　仲井真知事の判断としては要件を満たしていたとして、承認をした。あなたの立場で、もう一度見てみると、その要件は満たしていないと。前知事はああいう判断をしたが、あなたが今置かれている立場からすると要件を満たしていないという判断。

知事　私は新しい民意の中で、行政的な瑕疵があると、それについて取り消しの権限は持っていると思っている。

国側　今回、国の方で「取り消しは簡単にはできないものだ」と主張しているのは知っているか。訴状で知っているか。

知事　言っている意味がよく分からない。

国側　行政処分を取り消すことはそう簡単にはできないものだという最高裁の判決を挙げて主張している。それは知っているか。

知事　もう少し詳しく話ししないと…

国側　承認の取り消しを判断される際に、行政処分の取り消しはそんなに簡単にできるものじゃないんだと議論した記憶はあるか。

知事　議論もさることながら、行政の安定もあると思うが、一方で硬直化という問題も出てくる。間違いがあるものは正すということだ。

沖縄の「敵」

国側　間違いがあれば正すと。こういう判断したということ。陳述書でやや気になる言葉があった。答えられなかったら構わないが、2ページで沖縄の状況を書いていて。「保守は革新の敵ではなく、革新は保守の敵ではない。敵は別のところにいるのではないか」というところ。少し気になった。

知事　敵という言葉が正しかったかは分からないが。県民の思うような形で動くことができない仕組みを「敵」と表現した。何にしろ、ある意味で二重人格を強いられてきた。それがやっと一つになれるような部分がある中で。あの当事、白黒闘争をしてきて、私たちは二つに別れてけんかさせられて。なんで自分で持ってきたわけではない基地を挟んで、県民が殴り合いをするような。それを何か上から見ているのではないか。それをけんかするものが、仕組みとしてつくられているのではないか。こういうものを全体として言った。

国側　抽象的な仕組みを指した。具体的な人や組織を指したわけではない。

知事　動きようのない仕組み、構造的なものを指した。

11・25　県関係自民国会議員５氏が石破茂幹事長に説得され、辺野古移設を容認

12・１　自民県連が辺野古容認を正式決定し、翁長政俊会長が辞任

12・27　仲井真知事が埋め立てを承認

【２０１４年】 １・19　名護市長選で稲嶺氏が再選

８・17　市民らの反対運動で作業が中断された2004年以来、10年ぶりに海底ボーリング調査

11・16　県知事選で県外・国外移設を公約した翁長雄志氏が辺野古沖の埋め立てを承認した現職仲井真氏に10万票の大差で当選

12・14　衆院選沖縄選挙区の全４区で新基地建設に反対する候補が勝利。自民候補が全敗

【２０１５年】 １・26　翁長雄志知事が仲井真前知事による辺野古沖の埋め立て承認の法的瑕疵を検証する第三者委員会を設置

２・22　与那国町の住民投票で自衛隊誘致賛成が多数

５・17　「戦後70年　止めよう辺野古新基地建設！　沖縄県民大会」開催。3万5千人結集

７・16　県が設置した第三者委員会が前知事の埋め立て承認に法的な瑕疵があったとする報告書を翁長知事に提出

９・21　翁長知事が国連人権理事会で演説。辺野古新基地阻止を訴える

10・13　翁長知事、前知事の埋め立て承認を取り消し

10・14　防衛省、翁長知事の埋め立て承認取り消し処分の無効と審査請求を国土交通省に申し立て

10・27　国土交通相、翁長知事の埋め立て承認取り消しの効力を無効とする執行停止

10・30　沖縄防衛局、辺野古新基地の本体工事に着手

11・２　県、国土交通相の執行停止決定を不服として、国地方係争処理委員会に審査申し出

11・９　国土交通相、埋め立て承認取り消し処分の是正を県に指示

11・11　翁長知事、国土交通相の是正指示を拒否

11・17　国土交通相、埋め立て承認取り消し処分は違法として翁長知事を相手に代執行訴訟を福岡高裁那覇支部に提起

12・25　県が国土交通相の埋め立て承認取り消し処分を無効とする執行停止決定は違法として、同決定の取り消しを求める抗告訴訟を那覇地裁に提起

【２０１６年】 ２・15　代執行訴訟第４回口頭弁論で知事尋問

３・４　代執行訴訟で国が和解を受け入れ。双方が訴訟を取り下げ、工事中断

３・７　国が和解条項に沿って知事に「是正指示」

３・16　国が「是正指示」を出し直し

３・23　県が国の是正指示は違法だとして国地方係争委に審査申し出

３・28　陸上自衛隊与那国沿岸監視隊が創設

４・１　辺野古沿岸で海上抗議行動をしていた作家の目取真俊氏が逮捕される

５・19　４月28日に行方不明になった20歳の女性が遺体で発見。米軍属の男逮捕

６・19　米軍属女性暴行殺人事件に抗議する県民大会。6万5千人が参加

年表　辺野古新基地問題を中心に

【1995年】	9・4	米兵による少女乱暴事件発生
	9・28	大田昌秀知事が軍用地強制使用の代理署名拒否を表明
	10・21	少女乱暴事件に抗議する県民総決起大会。8万5千人が参加
	12・7	村山富市首相が代理署名の職務執行を要求して大田知事を提訴
【1996年】	4・12	日米両政府が普天間飛行場の返還に合意
	8・28	代理署名訴訟最高裁大法廷判決で知事の敗訴確定
	12・2	日米両政府が日米特別行動委員会（SACO）最終報告を承認、普天間飛行場の移設先を名護市辺野古に
【1997年】	4・17	駐留軍用地特別措置法改正案が参院本会議で、圧倒的多数の賛成で可決、成立
	12・21	普天間代替施設建設の是非を問う名護市民投票。反対が52・85%
	12・24	比嘉鉄也名護市長、代替施設受け入れと辞任を表明
【1998年】	2・6	大田知事、代替施設受け入れ拒否を表明
	11・15	県知事選で使用期限15年の条件付きで名護市移設を掲げた稲嶺恵一氏が初当選
【1999年】	11・22	稲嶺知事が移設先をキャンプ・シュワブ沿岸部と発表
	12・27	岸本建男名護市長が条件付き受け入れ表明
	12・28	代替施設を辺野古沿岸域とした政府方針を閣議決定
【2004年】	4・19	那覇防衛施設局が辺野古沖で移設事業に着手、座り込み始まる
	8・13	米軍ヘリが沖縄国際大学に墜落
【2005年】	10・29	日米安全保障協議委員会（2プラス2）で、キャンプ・シュワブ沿岸部への移設を含む米軍再編の中間報告を発表
	12・16	県議会、沿岸案反対を全会一致で決議
【2006年】	4・7	島袋吉和名護市長、沿岸部に2本の滑走路を建設する案で合意
	5・1	2プラス2で在日米軍再編最終報告に合意
	11・19	県知事選で仲井真弘多氏が初当選
【2009年】	4・20	SACO交渉当時から、防衛省が辺野古新基地へのMV22オスプレイの配備計画を把握していたことが米資料で発覚
	7・19	鳩山由紀夫民主党代表が普天間飛行場の移設は「最低でも県外」と表明
	9・16	鳩山政権発足
【2010年】	1・24	名護市長選で移設反対を訴えた稲嶺進氏が初当選
	2・24	県議会が国外・県外移設を求める意見書を全会一致で可決
	5・4	鳩山首相が来県、普天間飛行場の県内移設方針を表明
	11・28	県知事選で仲井真氏が県外移設を公約して再選
【2011年】	6・21	2プラス2で、辺野古にV字形2本の滑走路建設で合意
【2012年】	9・9	オスプレイ配備に反対する県民大会に10万1千人参加
	10・1	普天間飛行場の全ゲート一時封鎖などの抗議を無視してオスプレイ強行配備始まる
【2013年】	1・28	全41市町村長、議会議長らの署名が入った「建白書」を安倍首相に提出
	3・22	沖縄防衛局が県に辺野古沿岸部の埋め立てを申請

あとがき

本書は連続して行われたシンポジウム、講演会の記録を中心としている。しかし、単なる記録ではなく、沖縄の現在と未来に対する重要な問題提起となる一冊になったと思う。本研究所の稲福日出夫所長が「刊行にあたって」で述べているように、その狙いは『リアリスト』たちの心に届く、熱くかつ冷静な議論」である。リアリズムを踏まえたロマンチストたちの議論と言っていいかもしれない。

この連続企画は、「リアリズム」に新しい視点、光を与えている。

先島の軍事化を論じた半田滋氏、沖縄の観光の可能性をグローバルな視点で捉えた平良朝敬氏は、防衛・軍事と観光・経済という、沖縄で長く保革対立の構図の中で争点化されてきた問題に、新たな思考を迫っている。

理想と現実の対立とみなされがちだった問題が、今、沖縄では一体のものと認識されるようになった。経済効果を期待する人々もいる先島への自衛隊のミサイル部隊などの配備は、沖縄限定戦争の準備とはならないか。尖閣諸島で1発でも銃弾が飛べば、沖縄の観光は窒息するのではないか。沖縄戦での住民犠牲、米軍支配、今に続く基地の過重負担、日本復帰後の沖縄振興体制が、貧困の連鎖を構造化させ、経済発展の阻害要因となっているのではないか。このような認識が沖縄で共有されつつある今、二人の報告、提起はこれまでにない重みを持つ。

金城馨氏と高橋哲哉氏は、差別と基地県外移設を論じた。金城氏が「私たち沖縄人」と言う時、「沖縄県民」の間で語られている「沖縄人」という言葉との違いにはっとさせられる。マジョリティーの「日本人」の中で生きるマイノリティーとしての「沖縄人」だからだ。その地点から、思想を鍛え、具体的な運動を探る。その営みの積み重ねから生み出された言葉の重さがある。

高橋哲哉氏は、沖縄の総意として確認され続けてきた米軍基地の「県外移設」を論理的に整理し、マジョリティー「日本人」の責任論という形で倫理・哲学の課題として提起し、行動を呼び掛けた。金城氏と高橋氏の議論を重ね合わせることで、差別、基地・軍事という「リアル」に立ち向かう思想、運動を問うている。

阿波連正一氏が説くのは「主観的正義ではなく客観的正義を」ということだ。法律論は概念が難解で、素人には容易には理解が難しい。しかし、法的な闘いには法律、判例という共通の基盤があることは分かるはずだ。将棋に例えた方がいいかもしれない。決まっている駒の動き方があり、彼我の持ち駒も分かっている中で、戦略を立て、駒の運びを選択する。思想信条や政治的立場、公約を無視はできないとしても、法的争いが避けられないなら、その土俵で勝ち切る戦略が必要だ。勝てないのが明らかならば、法的な場を超えた闘いの戦略を持たなければならない。阿波連氏は、今回の国と沖縄県の法的争いでは沖縄県に勝機があるとして、その具体策も提案している。「国と裁判をしたらどうせ負ける」という主観を退ける「客観的正義」こそ、熱き心を持ったリアリストの矜持なのだ。

沖縄の激動、試練はこれからも続く。この小冊子が展望を考える一助になることを願う。

今回の連続企画と関わったのは直前からだった。取材・報道要員の一人だったが、担当する琉球新報文化面で、別の機会も含めてこの企画の主要スピーカー全員に登場していただいてもいた。特に公有水面埋立法に関わる訴訟、法律問題については、阿波連正一氏に折に触れて登場を願った。その一部も本書に収録することができた。本書の編集に参加できたことに感謝したい。

琉球新報社　編集局文化部　**米倉外昭**

刊行にあたって

沖縄国際大学沖縄法政研究所所長　**稲福日出夫**

本研究所で昨年度企画した「沖縄の未来を考える」をメイン・テーマにしたシンポジウム、講演会を纏めたのが本書である。その前年度の「問われる沖縄アイデンティティとは何か」をテーマにした講演会、シンポジウムの記録は沖縄タイムス社から出版されている。「沖縄の未来を考える」というテーマは、辺野古をめぐる情況に対し研究所としてどう向き合うことができるのか、といった議論から浮上してきた。その過程で、一人の見解を聞くだけでは駄目だ、いわば陶工が土をこね返し練り上げ、そうした作業を経て土の塊を見事な作品にしていくように、各分野から発言していただこう、ということになった。講師依頼、日程調整、ポスター作り、また、県庁や稲嶺進名護市長への協力依頼など、懐かしく思い出される。

本書刊行にあたっては、琉球新報社の米倉外昭さんのご尽力に負うところ、実に大きい。シンポジウムの告知文掲載に始まり、本書の脚注や年表の作成、最後は、渋る彼を説得して本書「あとがき」まで執筆していただいた。加えて、新星出版の坂本菜津子さん、当研究所の石川朋子研究助手。彼ら三人のあいだの、編集方針の変更なども含めたやりとり、その忍耐と熱意がなかったなら、本書が刊行されることはなかった。記して感謝したい。

いつの日か、沖縄からすべての軍事基地が、その金網（フェンス）が消える。それが郷土の日常の風景となり、シマンチュの喜怒哀楽の人生が刻まれる。日本国も含め周辺諸国は、軍備に頼ることの無意味さを知る。本書に込められた熱く且つ冷静な議論が、「リアリスト」たちの心に届くことを願う。

近年、自らの手で沖縄の未来を築こうという動きが、シマのあちこちで起こっている。その未来への胎動、出発点のひとつとして、連続企画「沖縄の未来を考える」は開催された。「いつの日か」に生きる子や孫が、彼らにとって当たり前の日々を送る頃、かつてこのような議論が郷土であったのだと不思議に思ってくれたら、とも願う。この小著が刊行された意味をそこにもみる。

最後に、各報告者やコメンテーター、共催の琉球新報社、後援の沖縄テレビ放送、またこの企画を支えて下さいました各位、新星出版に感謝の意を表します。琉球新報社には、紙面や動画配信でもご配慮ご協力いただきお礼申し上げます。

二〇一六年六月二二日

「基地の島」沖縄が問う
― 連続企画「沖縄の未来を考える」―

2016年6月23日　初版第1刷発行

編　者　沖縄国際大学沖縄法政研究所
　　　　〒901-2701
　　　　沖縄県宜野湾市宜野湾二丁目6番1号
　　　　電話(098)892-1111

発行所　琉球新報社
　　　　〒900-8525
　　　　沖縄県那覇市天久905

問合せ　琉球新報社読者事業局出版部
　　　　電話(098)865-5100

発　売　琉球プロジェクト

印刷所　新星出版株式会社

ISBN978-4-89742-209-1